Uwe Wesp

Bernd Eisert
Richard Heinrich
Gabriele Reich

Der KOSMOS Wetterführer

Mit Wetterscheibe

KOSMOS

In Zusammenarbeit mit
Deutscher Wetterdienst

Über dieses Buch

Den größten Teil der Woche verbringen wir in geschlossenen Räumen, abgeschirmt vom Wetter. Dennoch spüren wir seinen steten Wechsel – von Tag zu Tag, von Jahreszeit zu Jahreszeit. Es bestimmt unser Freizeitverhalten und viele Entscheidungen im Berufsalltag. Änderungen im Wetterablauf gehen manchmal rasch vonstatten: Gerade ist man noch im Sonnenschein spazierengegangen, schon steht eine schwarze Wolke drohend am Himmel, die kräftigen Niederschlag erwarten läßt.

WARUM IST DER HIMMEL BLAU?

Wie kommt das? Warum ist der Himmel blau? Gibt es Vorboten von Wetterveränderungen? Und ist das alles noch normal, was wir so täglich mit dem Wetter erleben?

Es gibt kein „Normwetter". Dennoch unterliegt das Wetter physikalischen Gesetzmäßigkeiten, die in ihrem Zusammenwirken immer wieder zu mehr oder weniger ausgeprägten Erscheinungen führen. Für alle, die mehr über die Regelmäßigkeiten und Unregelmäßigkeiten unseres Wetters erfahren möchten, ist dieses Buch gedacht. Wenn Sie beim Lesen durch die vier Jahreszeiten gehen, werden Sie die wichtigsten Fakten rund um das Wetter kennenlernen. Sie erfahren, welche meteorologischen Erscheinungen im Laufe eines Jahres immer wieder zu beobachten sind. Welchen Einfluß haben großräumige Luftströmungen auf unser regionales Wetter? Wie beeinflussen die unterschiedlichen Luftmassen die Temperaturen? Welche Bedeutung hat der Golfstrom für das Wetter?

SONNE – GEWITTER, FÖHN – HOCHWASSER

Sonne, bodennahes Ozon und Photosmog, Luftmassengrenzen, Gewitter, Stürme, Nebelwetter, Föhn, Lawinen und Hochwasser: Alles dies erklärt Ihnen dies Buch. In gesonderten Kästen erfahren Sie, welches vorherrschende Wetter wir – bei unterschiedlichen Luftmassen, die uns jeweils erreichen – monatlich erwarten können. Und es werden die wichtigsten Wolkengruppen, die immer wieder zu beobachten sind, vorgestellt. Was die Wolken über unser Wetter sagen, sagt Ihnen knapp und übersichtlich auch die Wetterscheibe: Mit ihrer Hilfe finden Sie sich am Wolkenhimmel zurecht und können sogar eine in vielen Fällen zuverlässige Kurzzeit-Wetterprognose erstellen.

Inhaltsverzeichnis

Extra – Die Kosmos-Wetterscheibe

In der vorderen Umschlag-Innenseite finden Sie die Kosmos-Wetterscheibe – Informationen mit einem Griff:

Machen Sie Ihre eigene Wetterprognose: Mit der Vorderseite der Wetterscheibe bestimmen Sie die Wolken, die Sie beobachten, und machen eine Kurzzeit-Wetterprognose.

Lesen Sie die Wetterkarte: Die Rückseite hilft Ihnen, eine Wetterkarte zu lesen und erklärt typische Wettersituationen für Westeuropa.

Wenn die Tage länger werden …

Das Frühjahr

Von Schnee und Graupel bis hin zu sommergleichen Sonnentagen – im Frühjahr ist alles möglich. Woher kommt das wechselhafte Aprilwetter? Warum lebt die Natur erst im „Wonnemonat" Mai so richtig auf?

Im Frühjahr strahlt die Sonne mit jedem Tag länger und intensiver.

Das Frühjahr ist für viele von uns die attraktivste Jahreszeit: Die Tage werden länger, und man spürt deutlich, wie die Sonnenstrahlen mit jedem Tag intensiver werden und mehr Wärme spenden. Die Pflanzen beginnen zu wachsen, werden grün und blühen bald. Häufig jedoch ist das Wetter noch reichlich wechselhaft: Kurzen Phasen mit mildem Frühjahrswetter folgen Tage mit Regen-, Schnee- und Graupelschauern, begleitet von einem böigen und kalten Wind. Warum ist das gerade im Frühjahr so?

STRAHLENDE SONNE

Die Sonnenstrahlung versorgt die Erde mit der Energie, die für alle Lebensvorgänge und auch für das Wettergeschehen notwendig ist. Außerhalb der Erdatmosphäre kommt zu jeder Jahreszeit fast immer dieselbe Energiemenge an. Auf dem Weg durch die Atmosphäre hindurch verliert die Sonnenstrahlung jedoch selbst bei völlig wolkenfreiem Himmel Energie: Sie wird geschwächt. Je länger die zurückgelegte Wegstrecke ist, desto größer ist die Schwächung der Sonnenstrahlung. Besonders groß wird diese Wegstrecke, wenn die Sonnenstrahlen im flachen Winkel auf die Atmosphäre treffen. Die Sonne steht dann von uns aus gesehen tief am Horizont und kann deshalb nicht wärmen. Das gilt nicht nur für die Zeit kurz nach Sonnenaufgang und kurz vor Sonnenuntergang, sondern auch für einen Wintertag, wenn die Sonne nur einen kurzen und flachen Bogen über dem Horizont beschreibt. Im Laufe des Frühjahrs aber wird der Sonnenbogen am Himmel Tag für Tag länger und höher. Die direkte Sonnenstrahlung durchquert dann besonders um die Mittagszeit die Atmosphäre auf immer kürzerem Weg und ist deshalb mit jedem

Bei tiefstehender Sonne verliert ihr Licht seine blauen Farbanteile – der Himmel erscheint rot.

weiteren Tag intensiver. Zunehmende Tageslänge und intensivere Sonneneinstrahlung bewirken, daß es im Laufe des Frühjahrs allgemein wärmer wird.

ATMOSPHÄRISCHES FARBENSPIEL

Nach den oft trüben Wintermonaten fällt aber auch noch etwas wieder deutlich auf: Selbst der wolkenfreie Himmel hat täglich eine andere Farbe. Einmal ist er tiefblau, dann wieder blaßblau. Was steckt dahinter?
Das für uns sichtbare Sonnenlicht erscheint bei hohem Sonnenstand zwar weiß, tatsächlich ist es aber eine Mischung aus dem Licht verschiedener Farben. Durch das Zusammenspiel von Sonnenlicht und Atmosphäre können wir diese Farben am Himmel sehen.
Wenn das weiße Sonnenlicht auf die unsichtbaren Gasteilchen der Atmosphäre trifft, wird es von ihnen „gestreut", das heißt nach allen Richtungen abgelenkt. Dabei nehmen die Gasteilchen die Strahlungsenergien der verschiedenen Farben auf und reflektieren sie in alle Richtungen wieder. Jedes Gasmolekül in der Luft strahlt dabei Energie auch in Richtung Erdoberfläche ab.
Das Sonnenlicht erreicht die Erdoberfläche also nicht nur auf direktem Weg, sondern zu einem Teil auch auf Umwegen. Diese sogenannte indirekte Sonnenstrahlung nutzen beispielsweise Schattenpflanzen.
Das Licht verschiedener Farben wird unterschiedlich intensiv gestreut. Das energiereiche blaue Licht wird viel stärker abgelenkt als etwa das energieärmere gelb-rote Licht. Daher geht dem direkten Sonnenstrahl mehr blaues Licht als gelbrotes verloren. Nur bei tiefstehender Sonne ist der Verlust an blauem Licht aber so groß, daß die Sonne rötlich aussieht.

Klare Luft: Himmel ohne Dunst

Das Wetter im März

Die Tage werden immer länger, die winterliche Ruhepause der Vegetation ist in tieferen Lagen beendet. Die Temperaturen steigen an manchen Tagen schon deutlich an. Bei südlicher bis südwestlicher Luftströmung erreichen sie 13 bis 19 Grad, örtlich auch über 20 Grad. Im Westen und Norden ist es teilweise bewölkt mit etwas Regen, nach Osten hin sonnig im Wechsel mit Wolkenfeldern. Bei Westwetterlagen ziehen immer wieder Fronten durch, die Regen und manchmal auch Gewitter bringen. Je nachdem, ob es sich um kalte oder warme Meeresluft handelt, werden Temperaturen zwischen 3 und 9 Grad bzw. 9 und 14 Grad erreicht. Winterliches Wetter bringen Luftströmungen aus nördlicher bis nordöstlicher Richtung. Am Monatsanfang ist es dann tagsüber selten wärmer als 0 Grad, am Monatsende werden nur 5 Grad erreicht. Nachts kann es in klaren Nächten auf -5 Grad (örtlich -10 Grad) abkühlen. Vor allem in Ost- und Süddeutschland kommt es zu Schneeregen- und Schneeschauern. Viel Sonne bringen Hochdrucklagen und Luftströmungen aus östlichen bis südöstlichen Richtungen. Dabei gibt es große Temperaturschwankungen zwischen Tag und Nacht. Tagsüber steigen die Werte auf 6 bis 12 Grad am Monatsanfang und 11 bis 17 Grad am Monatsende.

Bei hohem Sonnenstand bemerken wir zwar keine Verfärbung der Sonne, aus jeder anderen Richtung des Himmels trifft uns dann aber blaues Licht. Es sind also die vom Sonnenlicht getroffenen Gasmoleküle, die den Himmel blau und die tiefstehende Sonne rötlich erscheinen lassen!

DUNST AM HIMMEL

Besonders die unteren Schichten der Atmosphäre enthalten neben Gasteilchen auch zahlreiche winzige Partikel, die in der Luft schweben; man nennt sie Dunstteilchen. Anders als an den Gasmolekülen wird an den etwas größeren Dunstteilchen Licht jeder Farbe gleich stark gestreut – man spricht

von Dunststreuung. Weil keine Farbe eine Vorzugsbehandlung erfährt, erscheint der dunstige Himmel deshalb weißlich aufgehellt.
Der Dunst streut das weiße Licht aber nicht in alle Richtungen mit derselben Intensität ab. Am stärksten ist die Dunststreuung, von der Sonne aus gesehen, in Richtung auf uns zu. Deshalb ist auch der wolkenfreie Himmel bei Dunst besonders in Sonnennähe stark aufgehellt. Diese blendende Aufhellung um die Sonne nennt man Aureole. Sie kann bei starkem Dunst nur mit der ganzen Hand abgedeckt werden. Anders in dunstfreier Hochgebirgsluft: Dort ist die Aureole schwach ausgeprägt, es genügt eine Fingerkuppe zu ihrer Abdeckung.
Die Dunststreuung beeinträchtigt die Sichtweite stark, weil sie die Kontraste herabsetzt. Gegen die Sonne ist die Sichtweite immer am geringsten, etwas besser sind die Sichtverhältnisse mit der Sonne im Rücken, am besten sind sie aber quer zur Sonnenrichtung. Hier zeigt der Himmel auch das satteste Blau.
Die Dunststreuung ist intensiver, wenn die Dunstteilchen größer sind. Das ist besonders bei hoher Luftfeuchtigkeit so, wenn die Dunstteilchen Wasser aufnehmen und quellen, oder wenn sich winzige

Vorsicht Sonnenbrand!

Wer sich vom warmen Frühlingswetter zu einem Sonnenbad verleiten läßt, sollte darauf achten, die Haut nicht ungeschützt der Sonne auszusetzen: Über den Winter ist die Haut von der Ultraviolett-Strahlung entwöhnt und reagiert empfindlich. Außerdem ist im Frühling die Luft häufig frei von den sogenannten Dunstteilchen, weshalb die Sonnenstrahlung oft besonders intensiv ist. Schon im März kann man deshalb bei längerem Aufenthalt in der Sonne einen Sonnenbrand bekommen.

Die „Dunststreuung" kommt durch einen hohen Anteil von Dunstteilchen in der Luft zustande.

Wolken aus Eiskristallen sehen faserig aus.

Ein Halo-Ring um die Sonne zeigt Cirrostratus an.

Wassertröpfchen bilden. Die Sichtweite kann dann auf unter drei Kilometer sinken.

LICHT UND EIS

Ganz andere bemerkenswerte Erscheinungen am Himmel werden durch das Zusammenspiel von speziellen Eiswolken und Licht hervorgebracht: die vielfältigen Halo-Erscheinungen. Am häufigsten sieht man einen geschlossenen hellen Ring um die Sonne (oder den Mond), der auch ein Vorbote von schlechtem Wetter sein kann.

Der „Cirrostratus", ein dünner weißlicher Wolkenschleier ohne Strukturen, der oft den ganzen Himmel überzieht, bildet sich normalerweise in eisigen Höhen von acht bis zehn Kilometern. Er besteht oft aus nur ein bis zwei Millimeter langen, sechseckigen Säulen aus Eis, die das einfallende Sonnenlicht spiegeln und / oder brechen. Sind diese Säulen wegen der Windverhältnisse regellos ausgerichtet, erkennt man im Abstand von 22 Grad um die Sonne einen farbigen Ring. Dieser 22-Grad-Ring am Himmel ist immer ein Beweis dafür, daß der Himmel mit eiskaltem Cirrostratus überzogen ist. Bei regelmäßiger Anordnung der winzigen Eissäulen kann das Sonnenlicht eine Vielfalt anderer, teils farbenprächtiger Halo-Figuren an den Himmel malen.

DIE WIRKUNG DER FRÜHJAHRSSONNE

An Tagen mit schneefreiem Boden beeinflußt die kräftige Frühlingssonne ab März das Wetter ganz unmittelbar: Die Erdoberfläche wird zur Heizfläche. Ein erheblicher Teil der auftreffenden Sonnenstrahlung wird am Boden „verschluckt" (ab-

sorbiert) und in Wärme umgewandelt. Damit werden nicht nur tiefere Erdschichten und die bodennahen Luftschichten erwärmt, gleichzeitig verdunstet auch Wasser am Boden und an den Blattoberflächen der neu belebten Vegetation. Die sogenannte Verdunstungswärme steckt dann als „verborgene" oder „latente" Wärme im unsichtbaren Wasserdampf der feuchten Luft.
Durch das Aufheizen bodennaher Luft kommt überhaupt erst richtig Bewegung in die Atmosphäre. Weil nämlich die Bodenoberfläche nicht überall gleich gut heizt, kommt es zu räumlichen Temperaturunterschieden. Diese verursachen dann Druckunterschiede: Durch lokales Aufheizen sinkt der Luftdruck über den wärmsten Stellen ein wenig. Das löst nur kurze Zeit später aus allen Richtungen leichten Wind, den Flurwind, zum tiefen Druck (also zur lokal wärmsten Stelle) hin aus. Über den wärmsten Stellen der Erdoberfläche muß deshalb die Luft aufsteigen, ähnlich wie Dampfblasen im Kochtopf. Wenn der mitgeführte Wasserdampf dann in ein oder zwei Kilometer Höhe zu winzigen Wassertröpfchen kondensiert, wird eine Quellwolke sichtbar (Cumulus). Die kräftige Sonne sorgt dafür, daß diese Wolkenart mit zunehmender Sonnenhöhe immer häufiger am Frühlingshimmel zu sehen ist.
In jedem Kubikzentimeter von Cumuluswolken sind einige hundert dieser Tröpfchen enthalten. Deshalb kann das Sonnenlicht nicht weit in diese Haufenwolken eindringen. Das meiste Licht wird an ihrer Oberfläche reflektiert, daher die recht dunkle Unterseite und die weißen Quellungen.
Bei der Entstehung der zahlreichen Wolkentröpfchen wird die verborgene Wärme als Kondensationswärme freigesetzt und erwärmt die Wolkenluft. Dadurch wird sie leichter als die Luft außerhalb der Wolke und steigt auf. Der Wolkenaufwind erhält so einen aufwärts gerichteten, zusätzlichen Schub. Zwischen den engbegrenzten Aufwinden kommt es zu einem flächigen Absinken der Luft. Erst dieses Zusammenwirken von Auf- und Abwinden („thermische Konvektion" genannt)

„Cumulus", die Quellwolke, ist im Frühjahr bei zunehmender Höhe der Sonne immer häufiger am Himmel zu sehen.

Erste Blüte im Frühjahr: das Schneeglöckchen

Ende März wird es wärmer: Die Forsythien beginnen zu blühen.

führt tagsüber zur langsamen Erwärmung der unteren Atmosphärenschichten bis in ein oder zwei Kilometer Höhe. Unter dafür günstigen Umständen können die Cumuluswolken Höhen von zehn Kilometer und mehr erreichen und durch Abregnen kräftige Schauer hervorrufen. Diese – durch die thermische Konvektion verursachten – Schauer und Gewitter sind für die Zunahme der durchschnittlichen Niederschlagsmengen im Sommerhalbjahr verantwortlich. Zur Schauerentstehung aber später mehr.

NEUBELEBTE PFLANZENWELT

Für die Pflanzenwelt sind die immer längeren Frühlingstage mit intensiver Sonnenstrahlung natürlich wichtig. Weil über mehrere Monate hinweg an der Erdoberfläche mehr Energie über die Einstrahlung empfangen wird, als in den immer kürzeren Nächten unter Abkühlung verlorengeht, erwärmen sich der Boden und die Troposphäre (die untere Atmosphäre bis etwa elf Kilometer Höhe) während des Frühlings langsam. Man spricht daher von einer „positiven Energiebilanz“. Sie sorgt dafür, daß es im April zu einer grundlegenden Umstellung der Temperaturverhältnisse im Boden kommt: Die oberen Erdschichten werden wärmer als die tieferen. Im Winter war es gerade umgekehrt, denn in einem Meter Tiefe waren die Temperaturen höher als zum Beispiel in zwanzig Zentimeter Tiefe.

Warum es erst im Frühjahr „grünt“

Die Photosynthese grüner Pflanzen – also die Umwandlung von Licht- in chemische Energie und damit der Aufbau von Kohlehydraten – kommt erst bei „Betriebstemperaturen“ oberhalb von 15 Grad voll in Gang. Die Pflanzen entnehmen die Energie für ihren Stoffwechsel direkt dem Sonnenlicht. Dabei wird von den Blättern der Pflanze vor allem blaues und rotes Licht aufgenommen. Das restliche Sonnenlicht, das dann noch die Blätter durchdringt oder an deren Oberfläche reflektiert wird, erzeugt dann bei uns den grünen Farbeindruck.

PFLANZEN UND WITTERUNG

Solange der Boden gefroren ist, steht vielen Pflanzen kein – für sie lebensnotwendiges – Wasser zur Verfügung. Bei den tiefen Wintertemperaturen bleibt der sehr temperaturabhängige Pflanzenstoffwechsel denn auch auf ein Minimum reduziert; er wird in dieser Zeit mit chemischen Energiereserven bestritten.
Sobald aber die Temperaturen im Frühling in der Luft und im Boden hoch genug sind, können die Pflanzen wieder wachsen, überall zeigt sich neues Grün. Eine Buche zum Beispiel kann ihre Blätter erst austreiben, wenn in ihrem Wurzelraum 7 Grad erreicht sind.
Die Natur durchläuft mehrere Entwicklungsphasen, bis die Vegetation Mitte Mai vollständig ausgebildet ist. Am Entwicklungsstand sogenannter Signalpflanzen (etwa an deren Laubentfaltung und Blüte)

Stark quellende Cumulus-Wolken: Kräftige Schauer sind zu erwarten.

läßt sich ablesen, in welchem Stadium der natürliche – nicht der kalendarische! – Frühling an einem bestimmten Standort ist:

ERSTE FARBTUPFER

Die Pflanzen, die im Vorfrühling blühen (zum Beispiel Schneeglöckchen, Krokus oder Haselkätzchen) bringen die ersten Farbtupfer in die Natur. Da das Wetter bis Mitte März immer wieder winterlich ist, entwickeln sich außer diesen frostunempfindlichen Pflanzen noch kaum andere. Die Natur sieht also vorerst überwiegend winterlich schwarz-braun oder farblos aus.

IMMER GRÜNER

Ende März und vor allem im April steigen Luft- und Bodentemperaturen deutlich an. Nach und nach zeigen sich jetzt viele Blüten (etwa Himmelsschlüssel, Forsythien, ab Mitte April auch Löwenzahn). Außerdem beginnt das Gras kräftig zu wachsen, so daß die Landschaft immer grüner wird. Die ersten Insekten sind eine Nahrungsquelle für die zurückkehrenden Zugvögel. Die Laubbäume sind noch kahl, auch wenn ihre Knospen deutlich anschwellen. Auf dem Boden der lichten Laubwälder findet man jetzt besonders viele Blüten.

LAUBENTFALTUNG

Erst mit der Laubentfaltung Ende April wird die Natur vollständig grün. Es sind die blühenden Bäume (wie Apfel und Roßkastanie) und der blühende Flieder, die dem Mai den Beinamen „Wonnemonat“ gebracht haben. Die Holunderblüte beendet Ende

Erst Ende April wird die Natur vollständig grün.

Das Wetter im April

Der April ist bekannt für sein launenhaftes Wetter. Kurz nach einem Kälteeinbruch mit Schneeschauern kann es sommerlich warm werden. Südliche Luftströmungen bringen bereits Temperaturen zwischen 18 und 25 Grad. Im Westen und Norden ist es teilweise bewölkt mit etwas Regen, nach Osten hin findet ein Wechsel von Sonnenschein mit Wolkenfeldern statt. Gegen Ende des Monats sind erste Wärmegewitter möglich. Kalt ist es hingegen bei Luftströmungen aus Norden bis Nordwesten. Tags erwärmt sich die Luft auf nur 3 bis 9 Grad, in klaren Nächten hingegen kann sie bis auf -5 Grad abkühlen. Regen-, Schnee- und Graupelschauer wechseln mit sonnigen Abschnitten. Wechselhaftes Wetter gibt es auch bei westlicher Luftströmung. Dann steigen die Temperaturen in warmer Meeresluft auf 13 bis 18 Grad, in kalter Meeresluft nur auf 7 bis 13 Grad. Im Gebirge gibt es oberhalb von 1500 Metern Neuschnee. Viel Sonne und einzelne Schönwetterquellwolken gibt es bei einer Hochdrucklage und östlicher bis nordöstlicher Luftströmung. Die Temperaturen klettern tagsüber auf 13 bis 19 Grad, nachts kann es aber noch leichten Frost geben.

Mai den natürlichen Frühling und leitet über zum Frühsommer. Vergleicht man den aktuellen Eintrittstermin der Wachstumsphasen in einem bestimmten Jahr mit dem durchschnittlichen Eintrittstermin, erhält man genauere Auskunft über den Wetterverlauf der vergangenen Wochen. Ein verspätetes Auftreten bestimmter Wachstumsphasen deutet zum Beispiel auf eine kühlere Witterung als in einem Durchschnittsjahr. Im Februar tauchen normalerweise im warmen Rheintal oder am Bodensee blühende Schneeglöckchen als erste Frühlingsboten auf, bei warmer Witterung manch-

Der Holunder blüht: Der Frühling geht in den Frühsommer über.

mal schon im Januar. Moskau mit seinem winterkalten Kontinentalklima muß auf den Frühling dann immer noch ganze sechs Wochen warten. Auch in höheren Lagen, wo es im März nur langsam warm wird, zeigt sich der Frühling so richtig erst ab April.

LAUNISCHES FRÜHJAHRSWETTER

Im Winter trifft sehr wenig Sonnenenergie auf die polaren Gebiete. Sie kühlen deshalb besonders stark ab. Zwischen dem eiskalten Norden und subtropischen Regionen entsteht deshalb ein großes Temperaturgefälle, das in mittleren Breiten auch auf engerem Raum auftreten kann.
Das sind günstige Voraussetzungen für das Entstehen von kräftigen Tiefdruckgebieten im Nordatlantik, die dann in rascher Folge an uns vorüberziehen. Wie bei der oben beschriebenen thermischen Konvektion sind auch hier – freilich in wesentlich größerem Maßstab – räumliche Temperatur-Unterschiede Voraussetzung für die atmosphärische Bewegung. Tiefdruckwirbel mit einigen tausend Kilometern Durchmesser werden von den Luftmassen entgegen dem Uhrzeigersinn umströmt. Auf ihrer Vorderseite (östlich des Tiefdruckzentrums) strömt die warme Luft aus dem Mittelmeerraum mit Süd- bis Südwestwinden teilweise weit nach Norden. Kommt uns so ein Tiefdruckwirbel nahe, kündigt sich das schlechte Vorderseitenwetter immer mit Eiswolken an – manchmal auch mit Halo – und bringt zunächst meist länger anhaltenden flächigen Landregen unter einer geschlossenen grauen Schichtwolkendecke.
Ist der Tiefdruckwirbel an uns vorbei nach Osten abgezogen, strömt auf seiner Rückseite (westlich vom Tiefzentrum) die kalte Luft aus dem nordeuropäischen Kältereservoir mit Nord- bis Nordwestwinden nach Süden. Sie erreicht uns mit der Kaltfront, die von heftigen Wettererscheinungen bis hin zu Gewittern begleitet sein kann.

In der Rückseiten-Kaltluft erleben wir das, was „Aprilwetter“ genannt wird: einen raschen Wechsel von dunklen Schauerwolken und Sonne. In der Kaltluft aus polaren Breiten sind die Sichtweiten oft sehr groß, und der Himmel ist dunkelblau. Die Kaltluft ist – wie Hochgebirgsluft auch – kaum dunstig, weil sie sehr rein ist und nur wenig Feuchtigkeit aufweist. Morgendlicher Dunst oder gar Nebel am Boden wird von der einsetzenden vertikalen

Böige Winde auf der Rückseite eines Tiefs sorgen für rauhe See.

Luftbewegung (Konvektion) bald weggeräumt. Die gegenüber dem Winter veränderten Einstrahlungsbedingungen des Sonnenlichts auf der Nordhalbkugel (besonders der polaren Breiten mit sehr langen Tagen) und die Wirkung der zahlreich auftretenden Tiefdruckwirbel bauen das Temperaturgefälle zwischen den polaren Breiten und den Subtropen bis zum Sommer langsam ab. Durch die Tiefdruckwirbel kommt es also zu einem Temperaturausgleich: Die verschieden temperierten Luftmassen werden „verwirbelt". Die Zone, in der sich das konzentrierte Nord-Süd-Temperaturgefälle findet, rückt weiter nach Norden. Die Tiefdruckwirbel helfen daher mit, die Ursache für ihr eigenes Entstehen zu beseitigen. Schon im Mai sind intensive Tiefdruckgebiete bei uns deshalb seltener.

BRODELNDE WETTERKÜCHE

Strömt Rückseitenkaltluft über die von der intensiven Sonnenstrahlung aufgeheizte Erdoberfläche, entstehen besonders kräftige Aufwinde, und es bilden sich zahlreiche Quellwolken. Starke Auf- und Abwinde machen den Wind besonders in Bodennähe sehr böig. Die sehr heftigen und turbulenten Wolkenaufwinde bewirken das blumenkohlartige Aussehen dieser schnell wachsenden Cumuluswolken, die von unten betrachtet bald bedrohlich dunkel erscheinen.
Im kräftigen Wolkenaufwind bilden sich besonders viele Wolkentröpfchen, so daß kaum noch Licht durch die hochreichende Wolke nach unten dringen kann. Solange die Quellungen scharfe Ränder zeigen, fällt noch kein Niederschlag. Wächst die Cumuluswolke aber ungehindert weiter, vereisen die oberen Wolkenteile vollständig – die vereisten Wolkenteile erkennt man am streifigen Aussehen und den unscharfen Rändern. Dieses Vereisen mächtiger Quellwolken ist

Das Wetter im Mai

Im Mai sind die Tage bereits deutlich länger als die Nächte. Dies macht sich auch bei den Temperaturen bemerkbar. Kommt die Luftströmung aus südlichen Richtungen, werden bereits 22 bis 28 Grad erreicht. Vor allem im Bergland kann es zu Gewittern kommen. Gelegentlich können aber in der ersten Monatshälfte noch Nachtfröste auftreten. Dies passiert bei Strömungen aus nordwestlichen bis nördlichen Richtungen. Die Luft kühlt dann nachts noch auf -2 Grad ab, während sie tagsüber Werte von 8 bis 13 Grad am Monatsanfang und 11 bis 16 Grad am Monatsende erreicht. Gelegentlich schneit es noch in Höhen unterhalb von 1500 Metern. Bei Westwetterlagen erreicht die Temperatur in warmer Meeresluft Werte von 16 bis 22 Grad, in kühler Meeresluft 13 bis 18 Grad. Sonne und Regen wechseln sich ab. Hochdrucklagen bringen viel Sonne und Temperaturen zwischen 15 und 20 Grad. Dauert diese Wetterlage mehrere Tage an, wird es 20 bis 25 Grad warm. In den Nächten kühlt es auf 3 bis 10 Grad ab.

Die Apfelblüte gehört zum „Wonnemonat" Mai.

„Cumulonimbus“: Die Schauerwolke entsteht durch Vereisen der Quellwolken – Regen-, Schnee- oder Graupelschauer sind das Ergebnis.

in unseren Breiten Voraussetzung für die Bildung von Schauerniederschlägen, die im Frühling den Boden oft als Graupelschauer erreichen. Eine Cumuluswolke kann so in weniger als einer halben Stunde zu einer Schauerwolke (Cumulonimbus) werden.

Klart nach so einem Kälteeinbruch der Himmel nachts auf, kann es besonders Ende April oder sogar noch im Mai zu Spätfrost kommen. Sind die Pflanzen nach warmer Witterung dann schon weit entwickelt, gibt es – beispielsweise an Weinreben oder Obstbäumen – mitunter erhebliche Frostschäden. Die Wahrscheinlichkeit für das Auftreten von Frost sinkt allerdings nach den Eisheiligen (11. bis 15. Mai) in weiten Teilen Deutschlands unter fünf Prozent.

Frost: Nach den „Eisheiligen“ im Mai ist er kaum noch zu erwarten.

Der Sommer

Sommer, Wärme, Sonnenschein – ein solches Bilderbuchwetter stellt sich bei uns leider nur selten ein. „Wechselhaft und kühl" lautet eher die Regel in unseren Breiten. Oft entscheidet sich Ende Juni, Anfang Juli, wie das Wetter der folgenden Wochen wird.

Unsere Sommer haben maritimen Charakter, das heißt, sie sind meist von kühler und feuchter Meeresluft bestimmt.

Den Sommer verbinden viele von uns mit viel Sonnenschein, hohen Temperaturen und stickigheißer Luft in den Städten. Abkühlung verheißen nur Badeseen oder schattige Wälder. Tatsächlich sind solche beständigen Schönwetterlagen aber gar nicht so häufig: Die Wahrscheinlichkeit dafür liegt genaugenommen unter 20 Prozent. Unsere Sommer haben normalerweise maritimen Charakter und sind deshalb eher wechselhaft und kühl.

TYPISCHES SOMMERWETTER

Statistisch gesehen ist etwa die Hälfte der mitteleuropäischen Sommertage von westlichen Luftströmungen geprägt. Da sich der Nordatlantik langsamer erwärmt als der europäische Kontinent, bringt der Westwind oft relativ kühle und feuchte Meeresluft nach Mitteleuropa. Immer wieder ziehen Wolkenbänder von atlantischen Tiefs heran und bringen Regen. Wechselhaftes Wetter gibt es aber auch in feuchtwarmer Luft. Über der von der Sonne stark aufgeheizten Landfläche sorgt aufsteigende Luft (die im vorigen Kapitel erläuterte Konvektion) dann für kräftige Quellwolkenbildung. So erklärt sich, warum die durchschnittliche Bewölkung in Deutschland im Sommer stärker ist als im Frühling. Auch sind die Sommermonate die niederschlagsreichsten Monate des ganzen Jahres. Dafür sorgen vor allem die zahlreichen ergiebigen Schauer und Gewitter. Zwischen 60 und 100 Liter Regen fallen in der warmen Jahreszeit durchschnittlich pro Monat auf jeden Quadratmeter in Deutschland.

SCHÖNES WETTER

Das von vielen gewünschte beständige, sonnige Wetter tritt im Sommer bei Ostlagen oder Hoch-

Europäischer Monsun und „Schafskälte“

Der Frühsommer bringt Ende Mai / Anfang Juni häufig die erste Hitzeperiode, danach stellt sich aber oft langanhaltendes kühles Regenwetter ein. Eine alte Bauernregel stellt fest: „Macht Medardus (8. Juni) naß, so regnet's ohne Unterlaß.“ Diese alte Lostagsregel steht in engem Zusammenhang mit einem Phänomen, das in der meteorologischen Fachliteratur „europäischer Monsun“ genannt wird: Im Frühsommer, wenn sich der eurasische Kontinent deutlich erwärmt, erfahren die ansonsten vorherrschenden Westwinde eine Drehung auf Nordwest. Damit verbunden sind häufigere Vorstöße frischer Meeresluft, die zu feuchtkalter Witterung führen. Diese Umstellung findet oft in der zweiten Junihälfte statt und ist auch unter dem Namen „Schafskälte“ bekannt: Frisch geschorene Schafe mögen eben auch kein kühles Wetter.

Der vereiste Teil einer Schauerwolke

Sommergewitter: Der Sommer ist die niederschlagreichste Jahreszeit.

druckwetterlagen auf. Bei Ostlagen strömt sehr trokkene, warme bis heiße Festlandsluft – von Osten also – nach Mitteleuropa. Am Himmel zeigen sich meist nur flache Quellwolken. Wenn es längere Zeit nicht geregnet hat, kann diese Festlandsluft bei höheren Windgeschwindigkeiten viel Staub mit sich führen. Im trockenen Dunst zeigt sich die tiefstehende Sonne dann in besonders schönen Farben. Ostlagen sind recht beständig (sie können manchmal mehrere Wochen dauern), aber im Sommer eher selten: Im Juli treten sie statistisch

„Bilderbuchwetter" mit sommerlichen Schönwetterwolken

gesehen nur einmal in zehn Jahren auf. Anhaltend schönes und überdurchschnittlich warmes Wetter (meist einige Tage lang) ist im Sommer häufig mit einer beständigen Hochdruckwetterlage verbunden. Am Himmel zeigen sich dann höchstens ein paar Schleierwolken oder flache Quellwolken.

STABILES HOCHDRUCKWETTER

Die Entstehung eines Hochdruckgebiets beginnt mit einem großräumigen Absinken der Luft in der oberen und mittleren Troposphäre (also in Höhen zwischen etwa 12 und 7 Kilometer). So ein Absinkgebiet kann ganz Mitteleuropa umfassen. Die Luft sinkt zwar nur mit einer Geschwindigkeit von wenigen Zentimetern in der Sekunde ab, das hat aber große Auswirkungen auf die Bewölkung: Hohe und mittelhohe Wolken lösen sich rasch auf. Das weitere lokale Wettergeschehen folgt jetzt einem ausgeprägten Tages- und Nachtrhythmus: Nach Sonnenaufgang erwärmt sich die Luft infolge der hohen Sonneneinstrahlung rasch, nachts kühlt es unter klarem Himmel deutlich ab. Das äußert sich in großen Tagesschwankungen der Temperatur, die in Bodennähe 15 Grad und mehr umfassen können. Die Absinkbewegung der Luft erfaßt nach und nach die gesamte Troposphäre. Weil sich wolkenfreie, absinkende Luft um ein Grad pro 100 Meter Höhenverlust erwärmt, bekommt das neuentstandene Hoch bald einen warmen Kernbereich. So kann es unter günstigen Umständen als beständiges Hochdruckgebiet wochenlang fortexistieren. Auf der Nordhalbkugel werden Hochdruckgebiete, deren Durchmesser viele tausend Kilometer betragen kann, im Uhrzeigersinn umströmt, und die absinkende Luft wird in Bodennähe mit schwachen Winden spiralförmig nach außen geführt. Beständige Hochdruckgebiete sind also

„Siebenschläfer"

„Das Wetter am Siebenschläfertag (27. Juni) sieben Wochen bleiben mag" – diese Bauernregel kennen die meisten von uns. Auch sie ist recht zuverlässig. Denn Anfang Juli entscheidet sich in der Regel, ob die Hauptzugbahn der atlantischen Tiefausläufer im nördlichen Atlantik oder mehr im Süden liegt. Verläuft sie im Norden, so ziehen die Tiefs weit entfernt vorbei, und Mitteleuropa verbleibt im Einfluß von Hochdruckgebieten. Bei südlicher Zugbahn dagegen wird Mitteleuropa ständig von Tiefausläufern, die wechselhaftes, regnerisches Wetter bringen, überquert. Die „sieben Wochen" sollte man aber nicht allzu wörtlich nehmen, sie stehen nur symbolisch für einen längeren Zeitraum. Auch sollte man das Wettergeschehen nicht nur am Siebenschläfertag beobachten, sondern im gesamten Zeitraum Ende Juni / Anfang Juli. Für die Vorhersage der folgenden Wochen ist der Wettercharakter in dieser Zeit entscheidend: Entweder ist es abwechselnd warm und kalt mit Regenfronten, oder es ist beständig warm mit höchstens ein paar Gewittern.

nichts anderes als riesige, träge atmosphärische Wirbel aus relativ warmer Luft, die langsam zu Boden sinkt.

SCHAUER AUSGESCHLOSSEN

Bodennahe Atmosphärenschichten, die tagsüber erwärmt wurden, kühlen unter klarem Himmel jede Nacht wieder kräftig ab. Die mittlere Troposphäre hingegen wird durch ihr ständiges Absinken auch nachts immer wärmer. Die Sonneneinstrahlung sowie das „Wärme-Transportsystem" Konvektion schaffen es tagsüber nicht, das Temperaturdefizit der tieferen Luftschichten gegenüber den höheren auszugleichen. Zwischen beiden Bereichen der Troposphäre bildet sich deshalb eine Übergangszone, die man „Absinkinversion" nennt. In dieser Inversion, die meist in ein bis zwei Kilometer Höhe zu finden und nur wenige hundert Meter dick ist, nimmt die Temperatur – anders als normalerweise in der Troposphäre – mit der Höhe zu. Daraus erklärt sich auch die lateinische Bezeichnung: Inversion bedeutet „Umkehrung".

Eine starke Absinkinversion mit einer Temperaturzunahme von mehreren Grad verhindert zuverlässig die Entwicklung von Schauerwolken im Hochdruckgebiet, denn sie wirkt auf die Wolkenaufwinde wie eine Sperrschicht. Das Wachstum der Wolken nach oben ist somit begrenzt. Weil sie große Höhen mit sehr tiefen Temperaturen (wie auf Seite 14 f. beschrieben) gar nicht erst erreichen, können sie nicht vereisen und Regenschauer produzieren.

ABKÜHLUNG DURCH AUSSTRAHLUNG

Warum kühlt eigentlich auch in Sommernächten der Boden so stark ab? Um diese Frage zu beantworten, muß man wissen, daß jede Materie – egal ob kahle Erdoberfläche, Pflanzenteile oder Wolkentröpfchen – in jedem Augenblick elektromagnetische Strahlung (Energie) aussendet und deshalb einen Energieverlust erleidet. Kann dieser Energieverlust nicht ausgeglichen werden, muß das ausstrahlende Material abkühlen.

Gerade in einer sternklaren Sommernacht ist die Energiebilanz an der Erdoberfläche negativ: Dem Energieverlust durch Aus-

Werden diese Quellwolken Schauer bringen?

Das Wetter im Juni

Das Pflanzenwachstum ist im Juni auf seinem Höhepunkt. Die Sonne steht am höchsten über dem Horizont, und die Nächte sind am kürzesten. Bei Luftströmungen aus südlichen Richtungen ist es sommerlich warm bei 26 bis 32 Grad. Dazu ist es oft schwül, und es bilden sich Wärmegewitter. Westwetterlagen bedeuten wechselhaftes Wetter mit 19 bis 25 Grad (warme Meeresluft) oder 14 bis 20 Grad (kühle Meeresluft). Besonders bei nordwestlichen bis nördlichen Luftströmungen wird es 11 bis 17 Grad kühl, im Alpenstau fällt dann sogar Schnee bis unter 2000 Meter. Östliche Luftströmung bringt meist eine sonnige Schönwetterperiode. Von Tag zu Tag wird es wärmer: zunächst 18 bis 23 Grad, später 24 bis 29 Grad. Im Bergland können sich am Spätnachmittag lokale Wärmegewitter bilden.

strahlung in den Weltraum stehen keine nennenswerten „Energie-Einnahmen" gegenüber (wie zum Beispiel durch die Sonnenstrahlung tagsüber). Vor allem nackter Boden oder Pflanzenteile, die dem Himmel direkt zugewandt sind, kühlen sich dann stark ab. Im Gegensatz dazu sind die Energieverluste, welche die atmosphärische Luft durch Ausstrahlung erleidet, gering – sie kühlt sich viel langsamer ab. Hingegen wird die Luft, die direkten Kontakt zu den kalten Oberflächen am Boden hat, auch stark abgekühlt. Eine von uns kaum wahrgenommene turbulente Luftbewegung führt dazu, daß sich die kalte, bodennächste Luft mit den darüber liegenden wärmeren Luftschichten mischt.

Im Verlauf einer sternklaren Sommernacht entsteht so eine flache Kaltluftschicht, die bei Sonnenaufgang bis in Höhen von 100 bis 300 Metern hinaufreicht. Man nennt diese durch Ausstrahlung entstandene Kaltluftschicht „Bodeninversion". An ihrem oberen Rand kann es leicht zehn Grad wärmer sein als in Bodennähe. Die Luft oberhalb der Bodeninversion hat sich während der ganzen Nacht nämlich nur um etwa ein bis zwei Grad abgekühlt.

WANN BILDET SICH TAU?

Sinkt die Temperatur der bodennächsten feuchten Luft unter einen kritischen Wert, den sogenannten Taupunkt, dann beginnt überschüssiger Wasserdampf an der immer kälter werdenden Oberfläche zu kondensieren, und es bildet sich ein matter Beschlag. Bei fortschreitender Abkühlung kondensiert immer mehr Wasserdampf: Tautröpfchen entstehen, die am nächsten Morgen in der Sonne glitzern.

Die Abkühlung am Boden ist um so stärker, je länger die klare Nacht ist. Am besten schützt eine tief liegende Wolkendecke vor Abkühlung während der Nacht. Die von der Erdoberfläche ausgestrahlte Energie wird dann an der Unterseite der Wolke vollständig absorbiert und teilweise zum Erdboden zurückgestrahlt. Diese Temperaturstrahlung wird an der Erdoberfläche aufgenommen und mindert dort als „Energie-Einnahme" den Nettoverlust an Energie.

Die Abkühlung am Boden geht unter solchen Umständen viel langsamer vonstatten als ohne Wolkendecke. Auch Bäume vermindern übrigens die nächtliche Ausstrahlung. Deshalb bleibt es unter Bäumen an Sommerabenden am längsten angenehm warm.

Sommerliche Gewitterwolken

Flache Schönwetterwolken, aus einem Segelflugzeug aufgenommen

Blauthermik – was ist das?

Erstaunlicherweise sind an manchen Schönwettertagen trotz guter Sonneneinstrahlung mit Konvektion gar keine Quellwolken am Himmel zu sehen. Wie kann man sich das erklären? An solchen Tagen wird die aufsteigende feuchte Luft von der Absinkinversion abgebremst, bevor der Wasserdampf kondensieren konnte, so daß es keine Quellwolken gibt. Segelflieger nennen thermische Konvektion „Thermik", und Konvektion ohne Cumuluswolken heißt anschaulich „Blauthermik".

WIE ENTSTEHEN QUELLWOLKEN?

Wird die Erdoberfläche von der Sonne aufgeheizt, lösen sich immer wieder Blasen von warmer, leichter Luft von der Erdoberfläche. Die vom Boden aufsteigende, noch wolkenfreie Luft kühlt sich pro 100 Meter Höhengewinn um ein Grad ab. Wird beim Aufstieg innerhalb der Luftblase der Taupunkt erreicht (das bedeutet 100 Prozent relative Feuchte), setzt Kondensation ein, die bei weiterem Aufsteigen mit Abkühlen anhält: Eine Cumuluswolke wird sichtbar. Die Wolkentröpfchen, mehrere Hundert pro Kubikzentimeter, bilden sich nur um sogenannte Kondensationskerne. Das sind winzige feste und flüssige Teilchen, die wie Dunstteilchen in der Luft schweben und mit Wasser benetzt werden können. Ohne diese Kondensationskerne würden sich in der Troposphäre gar keine Wolken bilden können. Die typischen Schönwetterwolken (Cumulus humilis) sind meist flach mit glatter, hellgrauer Unterseite. Solche kleinen Quellwolken sind nach etwa zehn Minuten schon wieder verschwunden, denn die feuchte Wolkenluft wird rasch mit trockener Luft aus der Umgebung vermischt. Die thermische Konvektion, das durch die Sonne angetriebene Zusammenwirken kräftiger Auf- und Abwinde, erweist sich im

Sommer als äußerst wirksames atmosphärisches Transportsystem. Von der Erdoberfläche werden Wärme, Feuchtigkeit und vom Wind aufgewirbelte Staubpartikel weggeschafft und – im Fall unseres kräftigen Hochdruckgebiets – in der Troposphäre unterhalb der Absinkinversion gründlich verteilt.
Die oben (Seite 19) beschriebene sogenannte Absinkinversion verhindert als wirksame Sperrschicht den konvektiven Transport in die höhere Troposphäre. Die starke Sonneneinstrahlung sorgt während stabiler Hochdruckwetterlagen im Sommer dafür, daß es mit jedem Tag in Bodennähe ein bis zwei Grad wärmer wird.

OZON IM HOCHDRUCKGEBIET

Während einer stabilen Hochdruckwetterlage kann eine spezielle Form von Smog auftreten, die in den sechziger Jahren entdeckt worden ist. Es ist der sogenannte „Sommer-“ oder „Photosmog“, bei dem Ozon in bodennahen Luftschichten gebildet wird, und er betrifft – anders als viele vermuten – nicht nur schadstoffbelastete Gebiete, sondern auch deren weitere Umgebung.
Sommerliche Hochdruckwetterlagen mit wolkenlosem Himmel, hohen Temperaturen und Windstille bieten die idealen Voraussetzungen für Photosmog. Aus Stickoxiden und Kohlenwasserstoffverbindungen, die hauptsächlich aus Kraftfahrzeug-Abgasen stammen, bildet sich dann in Bodennähe Ozon.
Ozon ist ein Zellgift und kann zu Reizungen menschlicher Nasen- und Rachenschleimhäute sowie der Augen führen. Sicher ist auch, daß zu hohe Ozonkonzentrationen Nadelbäume schädigen. Man geht zur Zeit davon aus, daß dies der Fall ist, wenn die Summe aller über den gesamten Vegetationszeitraum (April bis September) wärend der Tageslichtzeit gemessenen Ozon-Stundenwerte über 10.000 ppb mal Stunde liegt (ppb: parts per billion bezeichnet hier die Anzahl der Ozon-Moleküle auf 1 Milliarde Luftmoleküle). Saurer Regen und Ozon schädigen die Oberfläche der Baumnadeln und führen so zu einem Nährstoffverlust.
Besonders an verkehrsreichen Standorten entsteht Ozon. Die höchsten Konzentrationen werden um die Mittagszeit erreicht, wenn die Einstrahlung der Sonne am intensivsten ist.

Das Wetter im Juli

Sehr viele Pflanzen vollziehen im Juli den Übergang von der Blüte zur Reife. Südliche Luftströmungen bedeuten sehr warmes Wetter bei 27 bis 34 Grad. Dabei ist es oft sehr schwül, und es bilden sich heftige Gewitter mit Hagel. Westwetterlagen bringen wechselhaftes Wetter mit Durchzug von Regenfronten und sonnigen Phasen. Die Umstellung auf Westwind geschieht oft durch heftige Gewitterfronten mit örtlichen Unwettern. In warmer Meeresluft liegen die Temperaturen zwischen 21 bis 26 Grad, in kühler Meeresluft zwischen 16 bis 22 Grad. Nördliche Luftströmungen lassen die Temperaturen auf 12 bis 18 Grad sinken. Am Nordalpenrand muß man dann mit langanhaltendem, ergiebigem Regen und im Hochgebirge mit Neuschnee rechnen. Östliche Luftströmungen bringen Sonne bei 22 bis 30 Grad. Beständige Hochdrucklagen lassen die Temperaturen nach einigen Tagen auf über 30 Grad steigen.

Der UV-Index der Wetterdienste: Wann das Sonnenbaden ungefährlich ist

UV-Index	*Belastung*	*Sonnenbrand*	*Schutzmaßnahmen*
1 und weniger	niedrig	unwahrscheinlich	nicht erforderlich
2 bis 4	mittel	ab 30 Minuten	empfehlenswert
5 bis 7	hoch	ab 20 Minuten	erforderlich
8 und mehr	sehr hoch	in weniger als 20 Minuten	unbedingt erforderlich

Mit abnehmendem Sonnenstand läßt dann auch die Ozonbildungsrate nach. So ist es erklärlich, daß in den Ballungsräumen die Ozonkonzentrationen bis zum nächsten Morgen fast auf ihre ursprünglichen Werte zurückgehen. Im Laufe des folgenden Tages steigt bei unveränderter Wetterlage die Ozonkonzentration wieder und erreicht etwas höhere Werte als am Vortag, weil nicht das gesamte am Vortag gebildete Ozon über Nacht abgebaut worden ist. Bei anhaltend schönem Wetter steigt so über Tage hin die Ozonkonzentration in Ballungsräumen nur langsam an. Im Umland liegen die Verhältnisse aber anders: Im Ballungsraum gebildetes Ozon wird mit der Windströmung ins Umland transportiert. Dort wird es während der folgenden Nacht aber bei weitem nicht so stark abgebaut wie in einem mit Schadstoffen – Stickoxiden und Kohlenwasserstoffverbindungen – belasteten Gebiet. Das hat zur Folge, daß während einer beständigen Schönwetterperiode das Ozon vor allem im Umland Tag für Tag stark angereichert wird. Den stärksten Ozonaufbau findet man etwa 50 bis 100 Kilometer windabwärts von starken Schadstoffquellen.

Das photochemisch gebildete Ozon ist also nicht immer nur dort zu finden, wo die entsprechende Schadstoffemission stattfindet. Das gestaltet das bodennahe Ozonproblem im Sommer besonders schwierig.

SCHÜTZENDES OZON

Während Ozon in Bodennähe eine giftige Substanz mit unerwünschten Nebenwirkungen ist, hat es in der Stratosphäre (also in der Atmosphärenschicht zwischen 12 und 50 Kilometer Höhe) eine wichtige Schutzfunktion. Dort gibt es zwischen 20 und 50 Kilometer Höhe natürlich vorkommendes Ozon, das 90 Prozent der gesamten in der Atmosphäre vorkommenden Ozonmenge ausmacht. Diese Ozonschicht ermöglicht überhaupt erst das Leben auf der Erde. Sie filtert die lebensbedrohliche, extreme Ultraviolett-Strahlung aus der einfallenden Sonnenstrahlung und schützt uns so vor schweren gesundheitlichen Schäden. Seit wenigen Jahrzehnten ist die Ozonschicht jedoch durch sogenannte FCKWs (chlorierte Fluorkohlenwasserstoff-Verbindungen) bedroht; die ultraviolette, sonnenbrandauslösende Strahlung ist intensiver geworden. Da hier aber auch noch die meteorologischen Bedingungen eine ganz entscheidende Rolle spielen, geben der Deutsche Wetterdienst und auch andere Wetterdienste

Ein Sommergewitter zieht ab.

DWD-Satellitenaufnahme von Sommergewittern

während der warmen Jahreszeit Vorhersagen des sogenannten UV-Index heraus. Diese Indexzahlen sind international gültig und geben die Wirkung der Strahlung an.

EIN HOCH WIRD SCHWACH

Der Höhepunkt einer Schönwetterperiode ist überschritten, wenn der Luftdruck am Boden beständig zu fallen beginnt. Die obere Absinkbewegung mit Erwärmung ist dann zum Stillstand gekommen, während die Sonne die unteren zwei Kilometer der Troposphäre weiter erwärmt. Die zuvor trennende Inversion zwischen beiden Troposphärenbereichen verschwindet deshalb langsam.
Bringt eine südwestliche Luftströmung außerdem noch feuchtwarme Luft, können Quellwolken ungehindert bis in große Höhen emporwachsen. Die im Sommer bis in Höhen von zwölf und mehr Kilometern hochquellenden Wolken vereisen in großen Höhen und bilden in ihrer Form den typischen „Gewitteramboß". Die Aufwindgeschwindigkeiten in solchen Wärmegewittern erreichen manchmal Orkanstärke – sie können bis zu 200 Stundenkilometer betragen.
Schon 30 Minuten nach Auftauchen der ersten, noch kleinen Quellwolke können bei derart labilen Wetterverhältnissen mächtige Wolkengebirge entstehen, die heftige Regenschauer, Blitz und Hagel hervorbringen. Vorgänge im Inneren dieser Cumulonimbus-Wolken führen zur Trennung elektrischer Ladungen, was Blitze in der freien Atmosphäre

Im „Blitzkanal" wird die Luft auf bis zu 30.000 Grad erhitzt.

und zum Boden zur Folge hat. In dem einige Zentimeter breiten Blitzkanal wird die Luft in Bruchteilen von Sekunden auf Temperaturen von bis zu 30.000 Grad erhitzt.
Das explosionsartige Ausdehnen der Luft im Blitzkanal hören wir aus der Nähe als peitschenartigen Knall, aus der weiteren Umgebung als Donner, aus großen Entfernungen nur noch als Donnergrollen. Die Schallwellen reichen jedoch nur etwa 18 Kilometer weit, während die Blitze erheblich weiter sichtbar sind. Aus größeren Entfernungen sprechen wir von „Wetterleuchten". Die meisten Gewitter entstehen im bereich von Luftmassengrenzen (den „Fronten") oder treten als Wärmegewitter auf.

HAGEL

Die hohen Aufwinde, die in Gewitterwolken vorkommen, sind auch für die Entstehung von Hagel verantwortlich. Winzige Eiskristalle werden dabei mehrmals hochgetragen, so daß sich auf dem Weg andere Eiskristalle anlagern oder Wassertröpfchen an ihnen vereisen können. Bei jedem Transport nach oben entsteht eine neue Eisschicht, und es können Durchmesser von über zehn Zentimetern erreicht werden. Eine so große Eismasse schmilzt nicht mehr ganz ab, bevor sie den Erdboden erreicht. Diese Bedingungen werden meist nur in einem sehr kleinen Gebiet erfüllt, so daß Hagelschlag ein sehr lokales Ereignis ist.
Hagelkörner haben beim Auftreffen normalerweise einen Durchmesser von 1 bis 2 Zentimetern. Sie

Hagelschlag: ein meist lokal begrenztes Ereignis

Durch ein Hagelunwetter zerstörtes Maisfeld

können bei uns aber auch die Größe eines Hühnereies oder noch mehr erreichen: Bei einem Unwetter in Südbayern im August 1973 hatten die Hagel-"Körner" ein Gewicht von 900 Gramm.
Die zerstörerische Kraft, die von Hagelschlag ausgehen kann, läßt sich insbesondere anhand der dabei auftretenden Geschwindigkeiten veranschaulichen: Ein 3 Zentimeter großes Hagelkorn trifft mit einer Geschwindigkeit von 25 Metern pro Sekunde (90 Stundenkilometer) auf dem Boden auf, ein Hagelkorn mit fünf Zentimeter Durchmesser erreicht bereits 33 Meter pro Sekunde, das sind etwa 120 Kilometer pro Stunde.

Das Wetter im August

Die Erntezeit hat begonnen. Die Tage werden wieder kürzer, und die längeren Nächte bringen gegen Monatsende schon deutliche Abkühlung. Möglicherweise bilden sich die ersten Frühnebel. Südliche Luftströmungen bringen meist schwüles Wetter bei 27 bis 33 Grad und Gewitter. Westwetterlagen sind wechselhaft mit Temperaturen zwischen 22 und 27 Grad (warme Meeresluft) oder zwischen 17 bis 24 Grad (kühle Meeresluft). Nördliche Luftströmungen bedeuten kühles Wetter bei 16 bis 22 Grad und eventuell ergiebigen Regen im Alpen-Nordstau. Sie bringen auch erste herbstliche Kälteeinbrüche mit nur noch 9 bis 15 Grad. Ostwetterlagen sind sonnig bei 23 bis 27 Grad. Nachmittags sind noch lokale Wärmegewitter möglich, die Gewitterneigung nimmt in der zweiten Monatshälfte aber schon deutlich ab.

GLETSCHER IM HOCHGEBIRGE

Im Sommer kommt Eis am Boden in den mittleren Breiten nicht nur in Form von Hagel vor. Es ist auch im Hochgebirge anzutreffen – als Gletscher. In den letzten zwei Millionen Jahren kam es zu einem häufigen Wechsel zwischen Kalt- und Warmzeiten, bei denen sich das Eis ausdehnte bzw. wieder zurückzog. Während der letzten Kaltzeit (der sogenannten Würm-Kaltzeit), die vor etwa 11.000 Jahren zu Ende ging, war Norddeutschland bis zu den Mittelgebirgen von Eis bedeckt; im Süden stießen die Gletscher von den Alpen her 40 bis 50 Kilometer nach Norden vor. Das Ausbreitungsverhalten von Gletschern ist also ein wichtiger Klimaindikator.
Gletscher entstehen, wenn die Sommertemperaturen so niedrig sind, daß der im Winter gefallene Schnee nicht mehr abschmilzt. Dabei unterscheidet man zwischen einem „Akkumulations- oder Nährgebiet“, in dem im Laufe des Jahres mehr Schnee fällt als schmilzt, und einem „Ablations- oder Zehrgebiet“, in dem der Gletscher schmilzt. Die Gletscher breiten sich

Der obere Teil eines Gletschers. Der Firnschnee ist „Nährstoff" des Eisgiganten.

Die „Gletscherzunge", der untere, auslaufende Teil eines Gletschers.

mit einer Geschwindigkeit von bis zu mehreren hundert Metern pro Jahr in die Tallagen hinab aus, bis sie in eine Temperaturzone kommen, in der sie abschmelzen. Ändern sich die klimatischen Verhältnisse nicht, stellt sich hier ein Gleichgewicht ein. Steigen die mittleren Temperaturen in der Region an, zieht sich der Gletscher immer weiter zurück. Ein Temperaturanstieg bringt die Erhöhung der Schneefallgrenze mit sich, so daß es im Sommer auch in höheren Lagen noch regnet. Kommt es häufig zu Regenfällen, führt dies zum Schmelzen des Gletschers.
Auch Ablagerungen aus stark verschmutzter Luft machen den Gletschern zu schaffen. Die grauschwarze Gletscheroberfläche nimmt dann mehr Sonnenstrahlung auf und erwärmt den Gletscher. Umgekehrt führen mehr Schneefall und sinkende Temperaturen zu seiner Ausbreitung.
Derzeit beobachten wir in den Alpen einen vermehrten Rückzug der Gletscher. Ein drastisches Beispiel ist der Rhône-Gletscher in den Walliser Bergen der Schweiz, der sich innerhalb von 100 Jahren um 970 Meter zurückgezogen hat. Ursache hierfür ist die im 20. Jahrhundert beobachtete Zunahme der mittleren Temperatur. Es gibt jedoch auch Gletscher, die sich ausbreiten, wie der Franz-Josef-Gletscher in Neuseeland. Paradoxerweise könnte auch dies mit der globalen Erwärmung zu tun haben, denn die Ursache für seinen Vorstoß ist außergewöhnlich viel Schneefall in seinem Akkumulationsgebiet. Steigt nämlich die mittlere Temperatur, steigt auch die Verdunstung an der Erdoberfläche, was wiederum zu mehr Wolken und höheren Niederschlagsmengen führen kann. Das Zusammenwirken von Klimafaktoren und Gletscherausbreitung ist also ein sehr komplexes Gebiet, das wichtige Informationen über Klimageschichte und Klimaänderungen liefert.

Sonnentage, Sturm und Nebel

Der Herbst

Mit etwas Glück kann man noch im Herbst warme sommerliche Tage genießen. Später droht jedoch feuchtes und kühles Nebelwetter, und dann kommt auch schon der erste Schnee: nicht nur aus Sicht der Meteorologen eine spannende Jahreszeit.

Der Herbst ist eine abwechslungsreiche Jahreszeit, die noch heiße Sommertage, trübes Nebelwetter, Stürme und auch den ersten Schnee bringen kann. Die Ursache für diese vielfältigen Wettererscheinungen liegt in der rasch abnehmenden Sonneneinstrahlung. Die Zeit zwischen Sonnenaufgang und Sonnenuntergang verkürzt sich etwa alle zweieinhalb Wochen um eine Stunde, und an den länger werdenden Schatten können

Typisch für herbstliches Hochdruckwetter: Der erste Bodennebel bildet sich schon abends.

wir erkennen, daß die Sonne immer tiefer steht. Die Luft wird tagsüber weit weniger aufgeheizt als im Hochsommer. Schon deshalb verändert sich der Witterungscharakter gegenüber dem Sommer deutlich; es gibt beispielsweise weniger Quellwolken und Gewitter. Außerdem werden die polaren Gebiete immer kälter, wodurch sich der Temperaturgegensatz zu den noch warmen Subtropen (Azoren, Mittelmeer) wieder vergrößert. Das führt zu den für Europa jetzt wetterbestimmenden Tiefdruckgebieten, die im Grenzbereich zwischen den beiden Luftmassen entstehen. Zudem verlagern sich die Zugbahnen der Tiefdruckgebiete nach Süden, so daß Mitteleuropa verstärkt in ihren Einflußbereich kommt.

Bleibt der Wind aus, kann sich der Nebel den ganzen Tag über halten.

HERBSTSONNE UND HERBSTNEBEL

Wie sehr die schwächer werdende Sonneneinstrahlung das Wetter beeinflußt, läßt sich daran erkennen, daß es im Laufe des Herbstes bei gleicher Wetterlage zu völlig verschiedenen Wettererscheinungen kommen kann. Bei einer Hochdruckwetterlage im Flachland ist es im September tagsüber noch sonnig mit Temperaturen von 20 bis 25 Grad. Nachts wird es dagegen schon deutlich kühler als im Hochsommer, und es kann nebelig werden. In den langen Nächten bildet sich viel Tau. Oft glitzern dann morgens noch lange die Tautropfen in den Spinnennetzen.

Im Oktober sind die Nächte bereits länger als die Tage. Die nächtliche Abkühlung der bodennahen Luftschicht ist größer als die Erwärmung durch die Sonneneinstrahlung an den immer kürzer werdenden Tagen. Bei mehrtägigem Hochdruckwetter wird es daher von Tag zu Tag etwas kälter. Dadurch löst sich der Morgennebel nur sehr langsam auf und hält sich manchmal den ganzen Tag, oder es bleibt sehr dunstig. Nur ein kräftiger Wind, der meist erst gegen Ende der Hochdrucklage kommt, kann die bodennahe Kaltluft mit der wärmeren Luft darüber vermischen.

INVERSIONSWETTERLAGE

Im November ist dann die Sonneneinstrahlung so gering, daß die bodennahe Kaltluftschicht bei windschwachen Wetterlagen schnell einige hundert Meter mächtig wird. Dies führt zu einer stabilen Luftschichtung, da kalte Luft schwerer ist als warme Luft und somit nicht vom Boden aufstei-

Inversionswetterlage am Boden: Wie ein Deckel liegt die Warmluftschicht über der bodennahen kalten Luft.

gen kann. Ist die Luft zudem noch feucht, bildet sich in den niederen Lagen Nebel.
Die Obergrenze der Kaltluftschicht liegt oft in 700 bis 800 Metern über dem Meer. Darüber scheint meist die Sonne bei bis zu 15 Grad höheren Temperaturen. Die Temperaturschichtung ist in diesem Fall also genau umgekehrt wie im Normalfall, bei dem es unten warm und mit zunehmender Höhe kälter ist. Man nennt dies deshalb eine Inversionswetterlage. Dort, wo es in der Höhe wärmer wird, spricht man von der Inversionsschicht. Sie hat eine Untergrenze (jene Höhe, in der die Temperaturzunahme beginnt) und eine Obergrenze (dort, wo die Temperaturzunahme beendet ist). Unterhalb der Inversionsschicht ist die Sicht schlecht, oberhalb kann sie 100 Kilometer und mehr betragen. Ursache für dieses Wetterphänomen ist das großräumige Absinken der Luft in einem Hochdruckgebiet, wodurch die Luft wärmer und dunstfreier

Inversionswetterlage in mittlerer Höhe: Die Grenze zwischen der bodennahen Kaltluftschicht und der darüberliegenden Warmluft ist durch die Obergrenze des Nebels sichtbar.

Inversionswetterlage in der Höhe: strahlender Sonnenschein!

wird. Die absinkende Luft ist jedoch nicht zu spüren, denn sie hat nur eine Geschwindigkeit von wenigen Zentimetern pro Sekunde. Da die Inversionsgrenze wie eine Sperrschicht auf die Luftbewegung wirkt, findet kein Austausch zwischen den beiden Luftmassen statt, so daß sich in den tieferen Lagen immer mehr Schadstoffe ansammeln können. Erst bei einem Wechsel der Wetterlage, der mit aufkommendem Wind verbunden ist, lösen sich Inversion und Nebel auf, und es findet eine Durchmischung mit „frischer" Luft statt. Eine Hochdrucklage ist also durchaus nicht – wie viele meinen – immer mit schönem Wetter verbunden!

WIE ENTSTEHT NEBEL?
Besonders an der Küste kann es zu ausgedehnten Nebelfeldern kommen, wenn sich feuchtwarme Meeresluft mit kalter Festlandsluft vermischt. Da kalte Luft weniger Feuchtigkeit aufnehmen kann als warme Luft, kondensiert der in der warmen Meeresluft enthaltene Wasserdampf. Auch im Bereich von Kalt- und Warmfronten bildet sich bei Durchmischung von feuchtwarmer und kalter Luft Nebel. Oft beobachtet man auch Nebel in Tälern und Senken, die sich mit Kaltluft füllen. In diesen sogenannten Kalt-

Inversionswetterlage

Wenn im Herbst die Sonne die Luft in Bodennähe nicht mehr ausreichend erwärmen kann, kann es bei einem stabilen, windarmen Hochdruckwetter zur Inversionswetterlage kommen: Anders als gewöhnlich sind die unteren Luftschichten dann kälter als die oberen, und der Austausch zwischen den oberen und unteren Luftmassen kommt zum Stillstand: Autoabgase und andere Schadstoffe sammeln sich in Bodennähe an, bis ein kräftiger Wind die Inversionswetterlage beendet.

Im Herbst bilden sich Gewitter über dem noch relativ warmen Meer.

Das Wetter im September

Im September ist mit einer Sonnenscheindauer von etwa 160 Stunden zu rechnen; die mittlere Bewölkung ist die geringste aller Monate überhaupt. Verantwortlich dafür sind beständige Hochdrucklagen, die sich besonders im letzten Monatsdrittel bilden. Die Temperaturen liegen bei dieser Wetterlage tagsüber bei 17 bis 22 Grad, nachts wird es kühl bei Temperaturen zwischen 3 und 9 Grad. Wechselhaftes Wetter bringen Luftströmungen aus Westen und Nordwest bis Nordost. Bei westlicher Strömung wechseln sich Regen und sonnige Phasen ab. Die Temperaturen liegen bei 18 bis 23 Grad (warme Meeresluft) bzw. bei 14 bis 20 Grad (kühle Meeresluft). Kommt die Luft aus nördlichen Richtungen, erreicht die Temperatur nur noch 11 bis 17 Grad, in klaren Nächten ist leichter Frost bei -2 Grad möglich. Bei südlicher Strömung kann es noch sommerlich warm bei Temperaturen von 22 bis 26 Grad werden.

luftseen bildet sich leicht Nebel. Nebelschwaden über dem Erdboden oder über Wasser („Seerauch“) entstehen dadurch, daß Wasserdampf aus dem warmen Boden oder aus Wasser in die darüberliegende kalte Luft verdunstet und zu Nebeltröpfchen kondensiert. Eine weitere Form des Nebels ist der Hochnebel. Darunter versteht man Nebel, der nicht am Boden aufliegt. Er kann zum Beispiel dadurch entstehen, daß sich Bodennebel von unten her auflöst, weil der Boden sich erwärmt.

Er kann sich aber auch an der Inversionsuntergrenze (siehe oben) bilden, weil dort die Luft so kalt sein kann, daß der in ihr enthaltene Wasserdampf kondensiert. Es ist übrigens häufig nicht einfach zu entscheiden, ob es sich um Nebel oder eine Wolke handelt. Letztendlich hängt das vom Standort des Betrachters ab.
Aufgelöst werden Nebel hauptsächlich durch drei Prozesse:

- Durch Sonneneinstrahlung erwärmt sich die Luft so weit, bis der Wasserdampf vollständig aufgenommen werden kann.
- Der Nebel zieht über warmes Gebiet, so daß sich die Luft von unten her erwärmen kann.
- Die Luft wird trockener, indem sich der Wasserdampf als Tau oder Reif absetzt.

DIE ERSTEN SCHNEEFÄLLE

Im Oktober hat sich das Polargebiet durch die verminderte Sonneneinstrahlung so weit abgekühlt, daß es bei Wetterlagen, die mit Windströmungen aus Nord bis Nordost verbunden sind, schon zu ersten Schneefällen kommen kann. Entscheidend ist dabei, daß die Luftströmung nicht über das noch relativ warme Meerwasser kommt, sondern über die schon abgekühlten Landmassen im Norden und Osten. Der Schneefall setzt bei uns zu unterschiedlichen Zeitpunkten ein – siehe den nebenstehenden Kasten!

WOHER KOMMEN DIE HERSTSTÜRME?

Auch die berühmten Herbststürme haben ihre Ursache in der abnehmenden Sonneneinstrahlung auf der Nordhalbkugel der Erde. So sinken die Temperaturen im Polargebiet schon weit unter den Gefrierpunkt, während es bei uns noch mehr als 10 Grad sind. Dadurch kommt es häufiger als im Sommer zu Stürmen. Die atlantischen Tiefdruckwir-

Wann schneit's?

Mit dem ersten Schneefall ist in Hamburg, Berlin und Frankfurt am Main im langjährigen Durchschnitt Mitte November, in München in der ersten Dekade (den ersten zehn Tagen) des Novembers zu rechnen. Den letzten Schneefall kann man in Frankfurt in der ersten Aprildekade, in Hamburg und Berlin in der zweiten Aprildekade und in München Ende April erwarten. Der Zeitraum, in dem generell Schnee in den Niederungen Deutschlands fallen kann, reicht von Anfang Oktober bis Anfang Mai.

In Herbstorkanen mit hohen Windgeschwindigkeiten werden Hochspannungsmasten geknickt „wie Streichhölzer“.

bel, die sie verursachen, werden nämlich aufgrund der zunehmenden Temperaturdifferenzen zwischen polarer und subtropischer Luft stärker. Da sie sich außerdem nach Süden in Richtung Nordsee verlagern, wird es auch in Deutschland stürmischer. Ist der Wind nicht zu heftig, ist jetzt die ideale Zeit, um Drachen steigen zu lassen. Es kann aber auch zu schweren Stürmen mit Windgeschwindigkeiten von über 100 Kilometern pro Stunde kommen. Beispiele für große Sturmkatastrophen sind der „Niedersachsen-Orkan“ vom 13. November 1972, der mit großen Waldschäden verbunden war, sowie die Sturmflut in Nordwestdeutschland am 14. November 1940. Auch in alten Aufzeichnungen findet man Berichte über die sogenannten „Allerheiligenfluten“, die im 12. und 16. Jahrhundert große Landverluste bei den Nordseeinseln mit sich brachten.

Das Wetter im Oktober

Im Oktober erreicht die Laubfärbung ihren Höhepunkt. Bei südlicher bis südwestlicher Luftströmung zeigt sich der Herbst von seiner schönsten Seite. Dann ist sonniges und warmes Wetter zu erwarten; die Temperaturen steigen auf 16 bis 22 Grad; am Alpenrand und im Südwesten auch bis 25 Grad. Bei südöstlicher bis östlicher Strömung sowie bei einer Hochdrucklage ist es oft ganztägig trüb durch (Hoch-) Nebel und kalt bei 6 bis 10 Grad, sonst teils sonnig, teils wolkig bei 11 bis 18 Grad. In höheren Lagen ist es mild, und es herrscht gute Fernsicht. Wechselhaft ist es dagegen bei westlichen und nordwestlichen Strömungen. In erwärmter Meeresluft liegen die Temperaturen bei 15 bis 20 Grad am Monatsanfang und 10 bis 15 Grad am Monatsende. In kalter Meeresluft werden am Monatsanfang 11 bis 16 Grad erreicht, am Monatsende nur 6 bis 11 Grad, wobei es in den Alpen bis unter 1500 Metern schneien kann. An der Küste ist mit lokalen Gewittern zu rechnen. Bei nördlicher bis nordöstlicher Strömung ist im letzten Monatsdrittel bei Temperaturen von 2 bis 8 Grad bereits mit Schneefall bis in tiefe Lagen zu rechnen. In klaren Nächten tritt verbreitet Frost bei -2 Grad (örtlich -5 Grad) auf.

EXTREME IM HERBST

Durch den großen Temperaturgegensatz zwischen Polargebiet und Subtropen kommt es je nach Wetterlage und Luftströmung zu sehr unterschiedlichen Wettererscheinungen und Temperaturen. Beispielsweise kann es im September bei Luftströmungen aus südlicher und südwestlicher Richtung noch recht heiß und manchmal schwül werden (bei Temperaturen bis zu 30 Grad). Luftmassen aus Norden, Nordwest oder Nordost bringen dagegen recht kühle Temperaturen (zwischen 11 und 17 Grad), bei denen es auch unterhalb von 1500 Metern schon den ersten Schnee gibt. Oberhalb von 2000 Metern kann es dabei zu Schneehöhen von 50 Zentimetern kommen. Auch im Oktober und November ergeben sich je nach Wetterlage recht deutliche Temperaturunterschiede.

AUCH GEWITTER GEHÖREN ZUM HERBST

An der Küste gehören Gewitter zu den herbstlichen Wettererscheinungen. Da Wasser langsamer auf Temperaturveränderungen reagiert als Luft, dauert es länger, bis das Meerwasser abgekühlt ist. Das im Herbst noch relativ warme Meerwasser wirkt auf kalte darüber strömende Luft wie eine Heizfläche, vergleichbar mit der Landoberfläche an Sommernachmittagen. Von der warmen Oberfläche aus steigt Luft nach oben – es bilden sich Quellwolken, die dann besonders in feuchter Luft bis zu Gewitterwolken anwachsen können. Da das Meerwasser ganztags warm ist, können die Herbst- und Wintergewitter über See und in Küstennähe (anders als die sommerlichen Wärmegewitter) nicht nur tagsüber, sondern auch in der Nacht entstehen.

Mildes Herbstwetter im Hochgebirge: Der Herbst ist die Jahreszeit der großen Wetter-Gegensätze.

FÖHN – WIE ER ENTSTEHT

Ein weiteres Phänomen, das verstärkt im Herbst (und im Frühjahr) auftritt, ist der Föhn, ein warmer Fallwind. Am bekanntesten ist sein Auftreten im Voralpenland, wo man ihn mit großartiger Fernsicht und relativ hohen Temperaturen in Verbindung bringt. In Innsbruck gibt es durchschnittlich etwa 65 Föhntage im Jahr, am Nordrand der Alpen (Hohenpeißenberg) immerhin noch etwa 35 Tage. Föhn kommt jedoch überall vor, wo Luftströmungen auf Gebirge als Hindernisse treffen. Sein Name variiert von Region zu Region: So wird er in den Rocky Mountains „Chinook", am Ostrand der Kordilleren Südamerikas „Zonda" und an der dalmatinischen Küste „Bora" genannt. Auch an Mittelgebirgen wie Harz und Taunus gibt es Föhneffekte.

Besonders oft tritt Föhn an Gebirgen auf, die in Nord-Süd-Richtung verlaufen, wie die Rocky Mountains, die Anden oder die neuseeländischen Alpen. Dies liegt daran, daß hier durch die häufige

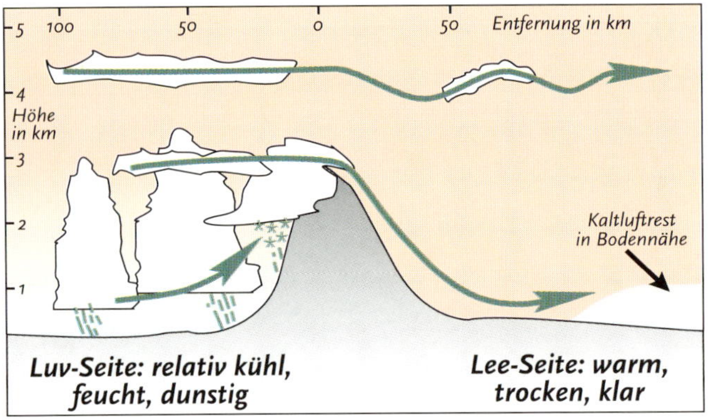

Föhn: Das Gebirge wird zur Klimascheide. Auf der Windseite (Luv) bilden sich Wolken, es gibt oft Niederschläge. Auf der windabgewandten Seite (Lee) herrscht in Bodennähe warmes, trockenes Wetter. In der Höhe bilden sich „Lee-Wellen".

Die „Lee-Wellen" bei Föhn (siehe Zeichnung) sind oft leicht am Wolkenbild zu beobachten.

Macht Föhn krank?

Dem Föhn wird gern ein Einfluß auf unser physisches und psychisches Wohlbefinden zugeschrieben. Viele Menschen klagen bei Föhn über Kopfschmerzen, Müdigkeit oder Konzentrationsschwierigkeiten. Es gibt auch noch andere Wetterlagen, die das körperliche Wohlbefinden beeinflussen können; man nennt sie biotrope Wetterphasen. Eine Warmluftzufuhr oder ein abziehendes Hoch erhöhen beispielsweise bei wetterfühligen Menschen die Neigung zu Kopfschmerzen. Der Föhn nimmt unter diesen belastenden Wetterlagen keine Sonderstellung ein. Für biotrope Wetterphasen gilt allgemein, daß sie nicht die Ursache der Beschwerden sind, sondern „nur" bereits vorhandene Neigungen verstärken.

Weströmung die Berge öfter überströmt werden. Hier wird das Gebirge zur Klimascheide, so daß östlich der Berge trockeneres und niederschlagsärmeres Klima vorherrscht als westlich davon.

Der Grund dafür: Die Berge bilden ein Hindernis für die Luftmassen. Sie stauen sich an der vom Wind angeströmten (Luv-)Seite, was zu Wolkenbildung und länger anhaltenden Regenfällen führen kann.

Strömt die Luft dann über das Gebirge, bildet sie auf der windabgewandten (Lee-) Seite in der Höhe Wellen (Leewellen). Direkt an der Lee-Seite des Gebirges sinkt die Luft ab und erwärmt sich um etwa ein Grad pro 100 Meter und

wird trockener. Ist die Luft schon vor dem Absinken relativ warm, kann es zu recht hohen Temperaturen in Bodennähe kommen. Deshalb sind in der Regel die Bodentemperaturen nördlich der Alpen bei Südföhn höher als auf der Alpensüdseite bei Nordföhn.
Die wellenförmige Luftströmung hinter dem Hindernis ist am Wolkenbild zu beobachten. Im Wellental ist die Luft wärmer und trockener; im Wellenberg hingegen kondensiert der Wasserdampf, und es bilden sich die typischen linsenförmigen Föhnwolken (Altocumulus lenticularis). Da die Welle sich nicht weiterbewegt, sind die Wolken stationär, das heißt, sie stehen oft längere Zeit an derselben Stelle.
Erreicht die trockene Luft Tallagen, führt der fehlende Dunst zu einer guten Fernsicht. Allerdings ist die Fernsicht nicht bei jedem Föhn so gut, da die Luft nicht immer bis in die Tallagen kommt. Umgekehrt ist nicht jede Fernsicht gleichbedeutend mit

Bei kräftigem Föhn herrschen auch in der Ebene sehr gute Sichtverhältnisse.

Das Wetter im November

Der November wird im allgemeinen mit trübem Nebelwetter assoziiert. Solche Nebeltage gibt es vor allem bei Hochdrucklagen und Luftströmungen aus östlicher bis südöstlicher Richtung. Diese Wetterlagen kommen im Durchschnitt an neun Tagen vor. Während es dann im Flachland kalt bei -1 bis +5 Grad ist, scheint in den Mittelgebirgen und den Alpen die Sonne bei Temperaturen von 4 bis 12 Grad. Recht mild ist es hingegen auch im Flachland noch bei südlicher bis südwestlicher Strömung. Es werden Temperaturen zwischen 10 und 15 Grad erreicht, am Nordrand von Alpen und Erzgebirge bei Föhn sogar noch 20 Grad. Sonne und Wolkenfelder wechseln sich ab. Bei westlichen bis nordwestlichen Strömungen kommt es immer wieder zum Durchzug von Schlechtwettergebieten mit zeitweise starkem Wind. Die Temperaturen erreichen 7 bis 12 Grad in warmer Meeresluft und 3 bis 8 Grad in kalter Meeresluft. Lokale Gewitter in Küstennähe sind möglich, ebenso Schneefall bis in Höhen von etwa 900 Metern (Monatsanfang) beziehungsweise 400 Metern (Monatsende). Richtig winterlich wird es bei Luftströmungen aus nördlicher bis nordöstlicher Richtung. Es schneit bis in tiefe Lagen, wobei ab Monatsmitte die Bildung einer Schneedecke möglich ist. Zeitweise ist es sonnig bei Temperaturen von -3 bis +4 Grad (in Küstennähe etwas milder), gegen Ende des Monats herrscht Dauerfrost bei -6 bis 0 Grad, in klaren Nächten örtlich unter -10 Grad.

Föhn. Auch in sauberer Meeres- oder Polarluft kann die Sicht sehr klar sein.

WANN VERLIEREN DIE BÄUME IHRE BLÄTTER?

Im Oktober erreicht die Laubfärbung – je nach Baumart unterschiedlich intensiv – ihren Höhepunkt. In dieser Zeit wird in den Blättern das Chlorophyll abgebaut, wodurch die Carotinoide (rote Farbstoffe) und Xanthophylle (gelbe Farbstoffe), die bis dahin vom Chlorophyll überdeckt waren, allein farbwirksam werden können. Die Braunfärbung entsteht schließlich, wenn die Blätter absterben: Dann treten braune, wasserlösliche, an der Zellwand der Blätter gebundene Farbstoffe hervor.
Je nach Standort können sich auch Blätter ein- und derselben Art unterschiedlich färben. Berühmt sind die kanadischen Ahornwälder mit ihrer intensiven Rotfärbung, die durch sauren Silikatboden verursacht wird. Laubfärbung und Laubfall setzen aber nicht bei allen Bäumen zur gleichen Zeit ein. Sie treten zuerst bei Ahorn und Roßkastanie auf, es folgen Birken und Lärchen. Zuletzt verfärben sich bei Buchen und Eichen die Blätter.

WETTEREINFLÜSSE

Wie intensiv die Laubfärbung ist und wie schnell der Laubfall folgt, hängt auch vom Wetterverlauf ab. Nach langen Trockenperioden im Spätsommer beginnt die Laubfärbung bei Birken beispielsweise schon Ende August. Frühe schwache Fröste sind ein Kältereiz, der die Laubfärbung verstärkt; auch die Trennungsschicht zwischen Blattstiel und Ast bildet sich dann frühzeitig aus. Schon der nächste Wind oder Regen führt dann zu starkem Laubfall. Durch Frost können ganze Bäume sogar bei Windstille innerhalb weniger

Herbst in der Stadt. Die Laubfärbung setzt nicht bei allen Baumarten zur selben Zeit ein.

„Goldener Oktober"?

Im Durchschnitt treten im Herbst in einem Drittel aller Fälle Hochdruckwetterlagen auf. Dies gilt auch, wenn man die Monate September und Oktober jeweils für sich betrachtet. Im September bedeutet eine Hochdrucklage in der Regel noch schönes Wetter; im Oktober dagegen kommt es teilweise schon zu trüben Nebeltagen. Schönes Wetter ist dann eher bei Süd- und Südwestwetterlagen zu erwarten. Die Anzahl der sogenannten „goldenen" Oktobertage mit strahlendem Sonnenschein beträgt etwa sieben Tage (im Bergland etwas mehr, in Flußniederungen etwas weniger). Zumindest kurzzeitig scheint die Sonne normalerweise an weiteren fünfzehn Tagen – der Oktober ist also nicht unbedingt ein ganz und gar goldener, wohl aber ein recht sonniger Monat.

Stunden völlig entblättert werden.
Ist der Oktober dagegen zunächst warm und frostfrei, beginnt die Laubfärbung nur sehr langsam. Nach dem ersten stärkeren Frost werden die Blätter schnell braun, ohne vorher besonders bunt gewesen zu sein. Dabei verzögert sich die Bildung der Trennungsschicht, weshalb sich das Laub vor allem bei Eichen und Buchen noch sehr lange halten kann.
Die Laubfärbung und der Laubfall setzen in der Stadt und im benachbarten Umland meist zu verschiedenen Zeitpunkten ein. Ursache dafür ist der Stadtklimaeffekt: Während im Umland bei wolkenfreiem Himmel in kalter Luft bereits die ersten Nachtfröste auftreten, sorgen die durch Bebauung verminderte Ausstrahlung sowie Verbrennungsprozesse für eine Erwärmung der Stadtluft. Der erste Frost verzögert sich dort manchmal um mehrere Wochen.

Der Winter kündigt sich an: Bei Nachtfrost kommt es zur Reifbildung.

Väterchen Frost hält sich zurück

Der Winter

„Früher gab es noch richtige Winter" – das kann man immer wieder hören. Tatsächlich sind unsere Winter aber – gerade um die Weihnachtszeit herum! – in der Regel eher mild. Klirrender Frost ist eher die Ausnahme.

Winter – bei diesem Wort denken viele an eine tiefverschneite Landschaft, vereiste Seen und Temperaturen weit unter dem Nullpunkt. Ein typisch mitteleuropäischer Winter verläuft jedoch ganz anders: Die vorherrschenden Luftströmungen sorgen für ein feuchtes und vergleichsweise mildes Wetter mit gelegentlichen Frosteinbrüchen.

PLÖTZLICH FRÜHLING?

Jedes Jahr breitet sich Verwunderung aus, vor allem bei Schlittschuhläufern und Skifahrern, wenn es im Dezember oder Januar plötzlich „Früh-

Gehört durchaus zu einem normalen Winter: ein trüber, nebliger Tag.

ling“ wird. In den Weihnachtswochen steigen die Temperaturen im Flachland sogar meist mehr als einmal auf 10 bis 15 Grad. Milde Tauwetterperioden gehören aber zu jedem normalen mitteleuropäischen Winter. Sie gibt es immer dann, wenn eine sogenannte Westwetterlage herrscht – und dies ist nun einmal von allen möglichen Wetterlagen der Typ, der bei uns am häufigsten vorkommt. Während einer Westwetterlage ziehen die Wolkenbänder nordatlantischer Tiefs über Mitteleuropa hinweg und bringen vom Atlantik erwärmte Luft. Schnee fällt dann nur in Höhen über 1000 Meter.

DIE WIRKUNG DER MEERESSTRÖMUNGEN

Wasser kann die im Sommerhalbjahr aufgenommene Wärme länger speichern als Landmasse. Meeresluft ist im Winter also wärmer als kontinentale Luft. Meeresluft, die Mitteleuropa erreicht, ist besonders warm, und die Winter sind hier deshalb relativ mild. Ursache sind warme Meeresströmungen vor den Küsten Westeuropas (Golfstrom und nordatlantischer Strom), die Wasser aus der Karibik bis nach Island und Nordeuropa transportieren. Vor der norwegischen Küste ist das Wasser im Winter deshalb so warm, daß das Meer eisfrei bleibt. Zwischen Grönland und Kanada hält sich dagegen in gleicher geographischer Breite über mehrere Monate eine Eisdecke. Einzelne Eisberge driften dort weit nach Süden und erreichen dieselbe Breite wie Süddeutschland. Die milde Wirkung des Meeres ist natürlich um so größer, je näher man sich an der Küste befindet. In Irland gibt es in Küsten-

Das Winter-„Wunschbild“, eine mehrmonatige geschlossene Schneedecke, gibt es meist erst ab 1200 Metern Höhe.

nähe selbst im Januar nur selten Frost, in Moskau dagegen zur gleichen Zeit nur selten Temperaturen über 0 Grad. Auch in Deutschland ist das vom Meer weiter entfernte Südbayern etwas frostiger als beispielsweise das Emsland.
Wie funktioniert der Golfstrom, die „Warmwasserheizung" Europas? Durch ein kompliziertes Zusammenspiel von Temperatur und Salzkonzentration im Meerwasser sinken in der Nähe von Island große Mengen von oberflächennahem Wasser in die Tiefe ab. Die Wassermenge beträgt ungefähr 17 Millionen Kubikmeter pro Sekunde – das ist zwanzigmal soviel wie sämtliche Flüsse der Erde an Wasser führen. Gleichzeitig strömt dieselbe Menge in den oberen Wasserschichten mit der Meereszirkulation nach. Das abgesunkene Wasser fließt am Meeresboden entlang weit bis nach Süden.

Das Wetter im Dezember

Mit dem Laubfall ist die Vegetationsperiode zu Ende gegangen. Nach der natürlichen Jahreszeiteneinteilung hat damit der Winter begonnen. Allerdings sollte man den Dezember nicht mit klirrender Kälte in Verbindung bringen. Am häufigsten sind in diesem Monat Westwetterlagen, die wechselhaftes Wetter und milde Temperaturen zwischen 5 und 12 Grad (in sehr milder Luft vom Atlantik bis 15 Grad) bringen. Kommt die Luftströmung aus nordwestlichen bis nördlichen Richtungen, gibt es naßkaltes Wetter, teils mit Regen, teils mit Schnee bei 1 bis 6 Grad. Oberhalb 500 bis 900 Meter kann es viel Neuschnee geben, in tiefen Lagen hingegen ist keine dauerhafte Schneedecke zu erwarten. Nur bei nordöstlicher bis östlicher Strömung bleibt auch im Flachland der Schnee liegen. Bei teilweise sonnigem Wetter und eisig kaltem Wind sinken die Temperaturen auf -1 bis -8 Grad, in klaren Nächten über Schneeflächen sogar auf -15 Grad. Häufig sind im Dezember trübe Tage. Bei einer Hochdrucklage und Wind aus südöstlicher bis südlicher Richtung gibt es im Flachland Dunst oder Nebel bei Temperaturen von -3 bis 3 Grad. In höheren Lagen ist es dagegen sonnig bei Temperaturen von 0 bis 7 Grad in 700 bis 1500 Metern Höhe.

EIN „NORMALER" WINTER

Von atlantischen Luftmassen geprägte Wintertage sind also bei uns ganz normal. Schnee gibt es dann nur über 500 bis 1000 Meter Höhe. Häufig gibt es auch Wetterabschnitte mit ruhigem Hochdruckwetter. In den wolkenfreien, langen Nächten kühlt sich die milde Meeresluft in Bodennähe stark ab. An den Folgetagen kann die schwache Wintersonne die Luft im Flachland nicht wieder auf die ursprüngliche Temperatur erwärmen, nur im Bergland bleibt es mild. Oft bildet sich dazu auch noch Nebel oder Hochnebel, der für trübe und graue Tage sorgt.
Die Temperaturen liegen meist um 0 Grad.
Die Luft ist also kälter als an Tagen, an denen die Luft direkt vom Atlantik kommt, aber bei weitem nicht sibirisch kalt. Tage mit starkem Frost sind in einem normalen Winter die Ausnahme. Außerdem gibt es im Flachland nur selten größere Schneemengen oder gar eine wochenlange Schneedecke. Eine mehrmonatige dauerhafte Schneedecke hält sich in den Nordalpen erst oberhalb von 1200 Metern Höhe, in den Mittelgebirgen etwas

tiefer. Ungefähr 20 Prozent aller Winter sind deutlich kälter oder deutlich wärmer als normal. Manchmal folgen mehrere solcher „sibirischen" oder „atlantischen" Winter auch unmittelbar aufeinander. Besonders kalt waren zum Beispiel die Winter der Jahre 1940 bis 1942; sehr warm war es dagegen in den Jahren 1988, 1989 und 1990. Wertet man die Wetterlagen aus, so zeigt sich in den zu milden wie auch in den zu kalten Wintern jeweils ein charakteristischer Verlauf:

Weiße Weihnachten?

Wenn man sich die Mittelwerte unseres Wetters über mehrere Jahrzehnte hinweg ansieht, so bestehen die größten Aussichten auf Schnee in den Niederungen zwischen Ende November und Mitte Dezember – und später dann noch einmal zwischen Mitte Januar und Anfang Februar. Gerade zu Weihnachten weht jedoch oft ein milder Westwind, oder es herrscht schneearmes Hochdruckwetter. Die Chancen auf „weiße Weihnachten" liegen daher realistischerweise nur bei 10 bis 30 Prozent!

MILDE UND STRENGE WINTER

Ein typischer milder Winter beginnt mit einem Kaltlufteinbruch Ende November, teilweise mit Schnee bis ins Flachland. Spätestens zum Jahreswechsel kommt es jedoch durch häufige Westwetterlagen zu einem deutlichen Temperaturanstieg („Silvestertauwetter"). Im Januar und Februar gibt es nur selten Frostwetter, und im März ist der Winter praktisch schon vorbei.
Erste Anzeichen für einen bevorstehenden strengen Winter sind langanhaltende Hochdrucklagen ab Ende September („Altweibersommer"). Erst um den 10. Dezember herum stellt sich ein stärkerer Temperaturrückgang ein. Kurz vor Weihnachten kommt es zu einem Temperaturanstieg („Weihnachtstauwetter"), danach aufgrund von Kaltluftzufuhr aus Norden wieder zu niedrigen Temperaturen. Von Mitte Januar bis Mitte März treten gehäuft Ostwetterlagen auf, die kalte Kontinentalluft mit sich bringen.
Allerdings ist im Herbst eine Prognose für den kommenden Winter nach

Klare, kalte Winterluft bei einer typischen „Ostwetterlage".

dem Auftreten einer charakteristischen Wetterphase allein noch nicht möglich.

EXTREME WINTER

Extreme Winter gibt es immer dann, wenn sich über mehrere Wochen oder gar Monate bestimmte Wetterlagen wiederholen. Für Mitteleuropa ist das Verhalten der nordatlantischen Tiefdruckwirbel entscheidend. Ziehen sie bis nach Rußland, bringen sie bei uns anhaltend milden Westwind. Bleiben sie vor

Das Wetter im Januar

Im Mittel über mehrere Jahrzehnte ist der Januar zwar der Monat mit den niedrigsten Temperaturen; es kommt aber auch hier häufig zu westlichen bis südwestlichen Luftströmungen, die wechselhaftes und mildes Wetter mit sich bringen. Die Temperaturen liegen dann zwischen 5 und 12 Grad, wobei es in Mittel- und Norddeutschland bei starkem Wind häufig regnet, in Süddeutschland dagegen zeitweise sonnig ist. In warmer Meeresluft steigen die Temperaturen bis 15 Grad. Wie im Dezember gibt es auch im Januar bei nordwestlicher bis nördlicher Luftströmung keine dauerhafte Schneedecke im Tiefland. Regen und Schnee wechseln sich ab bei Temperaturen von 0 bis 5 Grad. Dauerfrost bei Temperaturen zwischen -10 und -3 Grad herrscht bei Strömungen aus nordöstlicher bis östlicher Richtung. Schnee bleibt dann auch im Flachland liegen, wobei in klaren Nächten die Temperaturen auf -15 Grad sinken können. Bei Hochdrucklagen gibt es immer noch häufig Nebel bei -5 bis 0 Grad. In 700 bis 1500 Meter Höhe ist es dagegen sonnig bei Temperaturen zwischen 0 und 7 Grad.

den Küsten Westeuropas, haben sie auf unser Wetter keinen Einfluß, und es kann sich kalte kontinentale Luft aus Osten bis nach Mitteleuropa ausbreiten.
Der Westwind setzt sich häufig weit nach Osten durch, wenn die Tiefdruckgebiete besonders stark sind. Dies ist dann der Fall, wenn der Temperaturunterschied zwischen dem kalten Polargebiet (in Grönland und Nordkanada) und den warmen Subtropen (dem Seegebiet zwischen den Bermuda-Inseln und den Azoren) besonders groß ist.
Große Temperaturgegensätze können beispielsweise entstehen, wenn das Meer im Süden wärmer und die Eisausdehnung im Norden größer als normal ist. Die Meteorologen arbeiten daran, die atlantischen Meerestemperaturen über mehrere Monate vorhersagen zu können. Damit wäre dann im Herbst eine Prognose über den Charakter des bevorstehenden Winters möglich: Man könnte vorhersagen, ob der kommende Januar kalt und schneereich wird, freilich nicht das Wetter für einzelne Tage.
Solche Vorhersagen sind jedoch sehr schwierig, da zwischen Ozean und Atmosphäre komplizierte Wechselwirkungen ablaufen. Es gibt beispielsweise Vermutungen, daß ungewöhnliche Meeres- oder Luftströmungsverhältnisse in den Tropen oder auf der Südhalbkugel sich auch auf die atlantisch-europäischen Luftströmungen auswirken können. Mögliche Auslöser wären starke Vulkanausbrüche oder geringfügige regelmäßige Klimaschwankungen in tropischen Breiten. Darüber hinaus ist zu berücksichtigen, daß es während mehrerer Jahrzehnte zyklische Schwankungen im Verhalten der nordatlantischen Tiefs gibt. Die Ursachen hierfür sind noch kaum bekannt.

SIND UNSERE WINTER NOCH NORMAL?

Angesichts der zahlreichen sehr milden Winter seit dem Ende der achtziger Jahre wird häufig die Frage gestellt, ob unsere Winter noch „normal" sind. Viele haben vor allem kalte und schneereiche Winter in Erinnerung. Eine Rolle spielen hierbei

Gibt es verschneite Landschaften künftig bei uns noch seltener?

sicherlich auch die Schwächen des menschlichen Erinnerungsvermögens: Während sich die wenigen schneereichen und kalten Winter ins Gedächtnis einprägen, geraten die schneearmen Winter gern in Vergessenheit.
Die natürliche Schwankungsbreite der mitteleuropäischen Winter ist sehr groß. Milde Winter gehören daher zu den Eigenheiten des mitteleuropäischen Klimas.
Zuverlässige Aussagen über Klimaänderungen – wie zum Beispiel „Die Winter werden immer wärmer" – können hingegen erst nach Auswertung von Messungen über mehrere Jahrzehnte hinweg gemacht werden.
Solche Veränderungen würden sicher auch andere Verteilungen von kalten und milden Wintern mit sich bringen. Die Häufung von milden Wintern seit dem Ende der achtziger Jahre könnte also ein erstes Anzeichen für einsetzende Klimaänderungen sein; der Beweis dafür steht aber noch aus.

WINTER IM 21. JAHRHUNDERT

Die Frage nach möglichen Klimaänderungen ist deshalb aktuell, weil diese eine Folge des zunehmenden Treibhauseffekts sein könnten. Aufgrund menschlicher Aktivitäten hat in den letzten zweihundert Jahren der Anteil bestimmter Gase (zum Beispiel Kohlendioxid) in der Atmosphäre zugenommen. Dadurch wird die

Treibhauswirkung der Atmosphäre (die das Sonnenlicht durchläßt, die Wärme jedoch nicht vollständig wieder abstrahlt) verstärkt.

ERWÄRMUNG ERWARTET

Alle Vorhersagen, die von Experten in ihren Klimamodellen gemacht werden, lassen eine durchschnittliche Erwärmung der Erdatmosphäre in Bodennähe erwarten. Nach den Modellrechnungen sollte die Erwärmung im Winter in polnahen Gebieten besonders hoch ausfallen. Die regionalen Vorhersagen sind aber noch sehr unsicher. Für die weitere Entwicklung der mitteleuropäischen Winter im 21. Jahrhundert gibt es zwei gegensätzliche Szenarien:

- Erste Möglichkeit: Der vorhergesagte globale Temperaturanstieg wirkt sich auch bei uns aus. Die Winter wären dann häufig feucht und mild. Wintersport wäre in den Alpen im Jahr 2050 erst ab einer Höhe von 1500 Metern möglich. Wegen der hohen Temperaturen könnten auch Schneekanonen den Schneemangel in Tallagen nicht beheben.
- Zweite Möglichkeit: Das Schmelzwasser des Grönlandeises oder eine Zunahme der Niederschläge über dem Nordatlantik verringern den Salzgehalt des Meerwassers. Es würde dann bei Island weniger Wasser in die Tiefe sinken, wodurch sich der Golfstrom abschwächt. In diesem Fall wären in Mitteleuropa kältere Winter als gegenwärtig die Folge.

WIE ENTSTEHT EIN TIEFDRUCKGEBIET?

Nordatlantische Tiefdruckgebiete spielen in jedem Winter, ob normal oder nicht normal, eine große Rolle.

Jedes dieser Tiefs entsteht dort, wo zwei unterschiedliche Luftmassen dicht aneinandergrenzen. Meist handelt es sich um kalte Luft aus polaren Gebieten und warme Luft aus subtropischen Breiten. Die beiden Luftmassen verwirbeln zu einem Tiefdruckgebiet, wobei warme Luft nach Norden und kalte Luft nach Süden transportiert wird. Dadurch wird der Temperaturgegensatz zwischen Nord und Süd verringert.

Bildet sich längere Zeit kein Tief, wächst der Temperaturgegensatz immer mehr an, da die Sonne im Winter in nördlichen Breiten fast keine Wärme liefert, so daß die polaren Gebiete und die großen Landmassen stark abkühlen. Wird ein bestimmter Grenzwert für den Temperaturgegensatz überschritten, ist die Luftmassenanordnung sehr instabil. Die kleinste Störung bewirkt dann die Entstehung eines neuen Tiefdruckgebietes. Im Sommer ist der Temperaturgegensatz zwischen Nord und Süd wesentlich schwächer als im Winter und befindet sich weiter nördlich. Die Folge ist, daß sommerliche Tiefs schwächer ausgeprägt sind und außerdem zum Teil nördlich an Mitteleuropa vorbeiziehen.

Die Grenzzonen zwischen den unterschiedlichen Luftmassen in der Nähe eines Tiefs erstrecken sich über mehrere tausend Kilometer. An diesen Grenzzonen wird die Luft in die Höhe gezwungen. In der aufsteigenden Luft entstehen durch Abkühlung und damit verbundener Feuchtezunahme Wolken. Im Satellitenbild kann man Luftmassengrenzen (das sind die sogenannten Fronten) deshalb durch lange Wolkenbänder erkennen. Zu jedem Tief gehören eine Warmfront, hinter der wärmere Luft nachströmt, und eine Kaltfront, die einen Umschwung zu kälterem Wetter bringt.

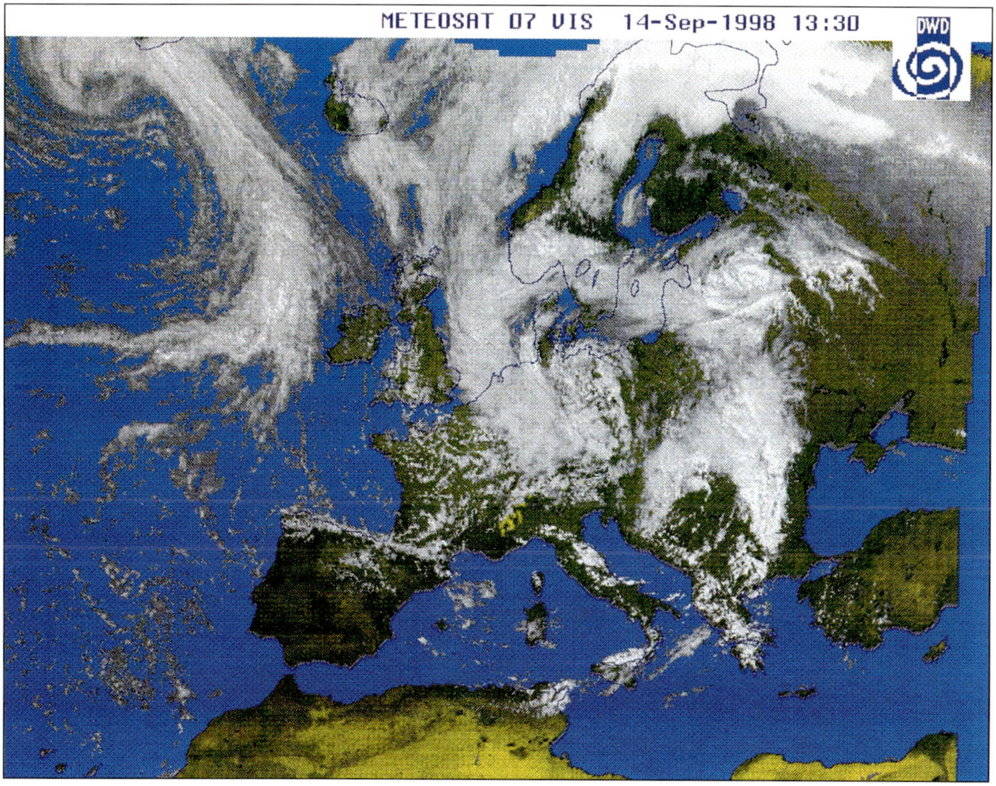

Die langen Wolkenbänder auf der Satellitenaufnahme des Deutschen Wetterdienstes zeigen deutlich die Luftmassengrenzen – die sogenannten „Fronten". Deutlich zu sehen auch die Tiefdruckgebiete, um welche die Fronten „wirbeln".

DAS WETTER AN EINER WARMFRONT

Die Warmfront läßt sich nur dann gut beobachten, wenn man sich relativ nah am Tiefdruckzentrum befindet. Im Winter ist dies häufig in Norddeutschland der Fall, da Warmfronten in dieser Zeit über Land meist nur langsam vorankommen.

Im Vorfeld einer Warmfront zeigen sich am Himmel zunächst dünne Schleierwolken (Cirruswolken) in großen Höhen, die Sonne ist noch verschwommen zu sehen. In der Folge verdichten sich die Cirruswolken mehr und mehr. Es folgen Wolken in geringeren Höhen, bis der Himmel nach einigen Stunden einförmig grau ist und gleichmäßiger Regen oder Schneefall einsetzt. Das Niederschlagsband hat eine Breite von bis zu 300 Kilometern. Diese Wolkenentwicklung geht darauf zurück, daß sich vor der Front in einem einige hundert Kilometer breiten Streifen die leichte Warmluft über die schwerere Kaltluft in Bodennähe schiebt. Dadurch bilden sich großräumige Wolkenschichten. Vor dem Frontdurchzug kann man also

anhand der immer dickeren Wolken beobachten, wie die Warmluftschicht in der Höhe immer mächtiger wird.
Warmfronten verlagern sich mit einer Geschwindigkeit von etwa 20 bis 40 Kilometern pro Stunde. Ist die Warmfront durchgezogen, hört der intensive Niederschlag auf. Es folgt der Warmsektor (das ist die Zone zwischen Warmfront und nachfolgender Kaltfront), der immer mehr verschwimmt, je weiter man vom Zentrum des Tiefdruckgebietes entfernt ist. In der Nähe des Tiefzentrums ist der Himmel im Winter meist mit eintönig grauen Wolken (Stratus) überzogen, aus denen zeitweise etwas Niederschlag, meist als Regen, fällt. In größerem Abstand vom Tiefdruckzentrum (häufig im Alpenraum und in Süddeutschland) bringen die Reste der Warmfront meist nur mittelhohe und hohe Wolkenfelder.
Warmfronten mit Regen können sehr tückisch sein. In Mitteleuropa kommt es in jedem Winter mehrmals vor, daß der Regen in eine bodennahe Luftschicht mit Temperaturen unter 0 Grad oder auf gefrorenen Boden fällt. Solange die Regentropfen in der Luft sind, gefriert das Wasser nur sehr langsam, beim Auftreffen auf den Boden dagegen sehr schnell. Bäume, Autos, Straßen werden von einer Eisschicht überzogen, die bis auf einen Zentimeter anwachsen kann. Nicht nur die Eisglätte, sondern auch das Gewicht des Eises an Ästen oder Hochspannungsleitungen kann dann zum Problem werden.

Das Wetter im Februar

Im Februar werden die Tage schon wieder deutlich länger, was besonders gegen Ende des Monats die Temperaturen steigen läßt. Es gibt weniger Nebeltage, so daß Hochdrucklagen auch im Flachland wieder häufiger zu sonnigem Wetter führen können. Die Temperaturen liegen dann am Monatsanfang bei -3 bis 2 Grad und am Monatsende bei 1 bis 8 Grad. Nachts kommt es besonders in Ost- und Süddeutschland noch zu leichtem Frost um -3 Grad, über Schnee auch -10 Grad. Milde Temperaturen und wechselhaftes Wetter bringen westliche und südwestliche Luftströmungen. Die Temperaturen erreichen 6 bis 13 Grad; in Mittel- und Norddeutschland kann es sehr windig werden. In Warmluft aus Südwesten steigen die Temperaturen manchmal über 15 Grad. Naßkalt ist es bei nordwestlicher bis nördlicher Strömung. Es kommt zu Regen- und Schneefällen bei 0 bis 6 Grad. Bei Wind aus nordöstlicher bis östlicher Richtung wird es noch einmal richtig kalt mit Frost zwischen -10 und -3 Grad. Schnee bleibt auch in tiefen Lagen liegen, und es kühlt in klaren Nächten auf -15 Grad ab.

DAS WETTER AN EINER KALTFRONT

In der Nähe des Tiefdruckzentrums dauert es nach dem Warmfrontdurchzug einige Stunden bis einen Tag, bis die Kaltfront folgt. Charakteristisch sind schnelle Wettervorgänge, wie eine rasch aufkommende dunkle Wolkenwand, plötzliche starke Windböen und kräftige Schauer. Dabei kann man die Abkühlung oft deutlich spüren. Manchmal sinken die Temperaturen um mehr als zehn Grad in weniger als einer Stunde. Die Wetteränderungen an Kaltfronten verlaufen so schnell, weil die schwere Kaltluft die leichte Warmluft in den bodennahen Luftschichten (bis etwa 2000 Meter Höhe) sehr

schnell verdrängt. Dabei wird die Warmluft in die Höhe gerissen, was zu den mächtigen Quellwolken führt.
Ein besonderer Typ winterlicher Kaltfronten sind sogenannte maskierte Kaltfronten, die in der Höhe Abkühlung, im Flachland jedoch Erwärmung bringen. Voraussetzung dafür ist eine dünne Kaltluftschicht über dem Flachland (oft nur einige hundert Meter mächtig) mit darüber liegender Warmluft. Bei windschwachen winterlichen Hochdruckwetterlagen kommt dies häufig vor. Die bodennahe Kaltluft ist dann oft kälter als die „Kaltluft", die die Kaltfront bringt. Deshalb steigen hinter der Kaltfront die Temperaturen in Bodennähe etwas an, nur in der Höhe wird die Luft deutlich kälter.
In größerer Entfernung vom Tiefdruckzentrum kann es mehr als einen Tag dauern, bis nach einer Warmfront eine Kaltfront folgt, die Warmfront kann auch vollständig fehlen. Zudem gibt es hier neben schnell durchziehenden Kaltfronten den Typ einer langsamen Kaltfront. Sie ist mit einem allmählichen Wolkenaufzug und langanhaltendem Regen oder Schneefall verbunden.

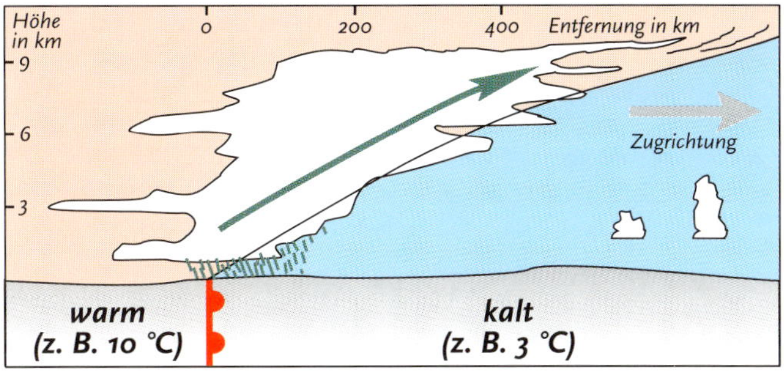

Warmfronten bewegen sich meist mit einer Geschwindigkeit von 20 bis 40 Kilometern pro Stunde. Die warme Luft schiebt sich dabei über die schwerere kalte Luft.

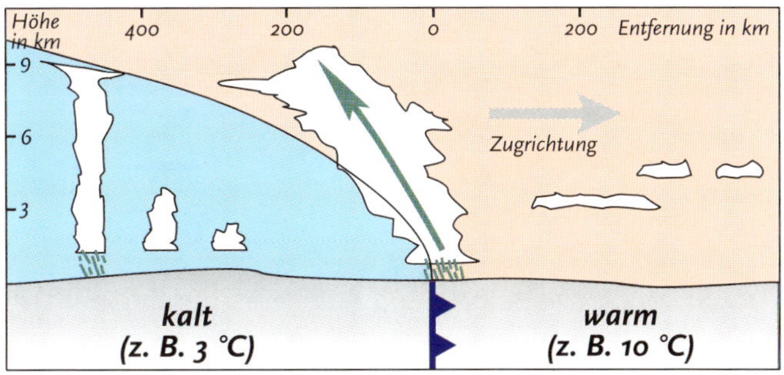

Kaltfronten sind schneller als Warmfronten; sie bewegen sich mit bis zu 80 Kilometern pro Stunde. Die kalte Luft schiebt sich unter die warme Luft.

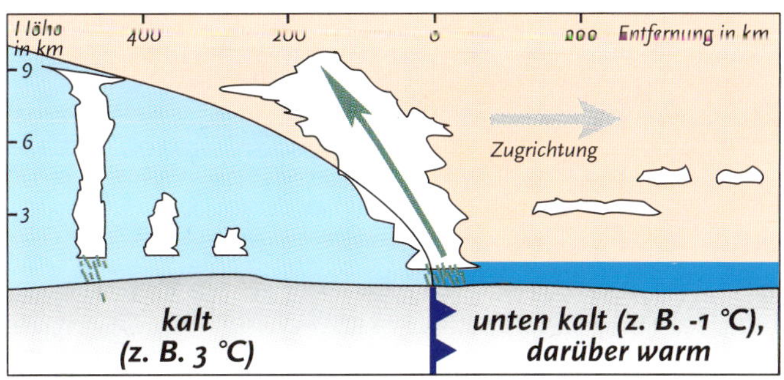

Eine „maskierte" Kaltfront. Die bodennahe Kaltluftschicht vor der Front ist kälter als die Luft der Kaltfront, weshalb die Kaltfront in Bodennähe eine leichte Erwärmung mit sich bringt.

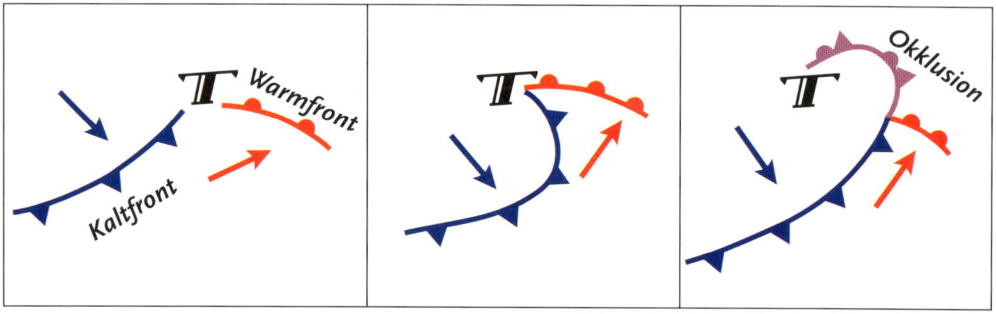

Die sogenannte Okklusion: Die schnellere Kaltfront holt die Warmfront ein. In der Nähe des Tiefdruckgebiets schieben sich die Fronten übereinander.

Kaltfronten verlagern sich durchschnittlich mit 30 bis 80 Kilometern pro Stunde. Sie sind damit fast doppelt so schnell wie Warmfronten. Der Zwischenraum zwischen den beiden Fronten, der Warmsektor, wird deshalb mit der Zeit immer kleiner. Hat die Kaltfront die Warmfront eingeholt, spricht man von einer Okklusion – der Warmsektor ist dann verschwunden. Dies ist ein Zeichen für Tiefdruckwirbel, die den Höhepunkt ihrer Entwicklung überschritten haben. Die Okklusion kann für den Betrachter den Charakter einer Kaltfront oder einer Warmfront aufweisen. Das hängt davon ab, ob die Okklusion wärmere oder kältere Luft bringt. Der Okklusionsvorgang beginnt im Tiefdruckzentrum.

Ereignisse wie Hochwasser und Stürme hinterlassen unübersehbare Spuren in der Natur.

STURM

Wenn die Temperaturgegensätze zwischen Nord und Süd im Winter am größten sind, entwickeln sich über dem Nordatlantik die intensivsten Tiefdruckwirbel des Jahres. Windgeschwindigkeiten von über 100 Kilometern pro Stunde sind über dem offenen Meer keine Seltenheit. Ziehen solche Sturmwirbel nach Osten zum Festland, hat dies dort manchmal verheerende Auswirkungen sowohl auf Gebäude als auch auf Wälder. In Küstennähe drohen Sturmfluten. Diese Stürme sind freilich nicht zu verwechseln mit den tropischen Wirbelstürmen (Hurrikans, Taifune, Cyclone, auf der Südhalbkugel Willi-Willies), die sich in der Zeit zwischen den späten Frühjahrsmonaten und Herbstmonaten über den warmen Meeresoberflächen (Mindesttemperatur 27 Grad) auf der jeweiligen Erdhalbkugel bilden. In diesem Fall sind nicht zwei verschiedene Luftmassen bei der Entstehung beteiligt, sondern eine Zusammenballung mehrerer tropischer Gewitterzellen, die zu rotieren beginnt. In der aufsteigenden feuchtwarmen Luft kondensieren gewaltige Wassermengen, was zu entsprechend intensiven Regenfällen führt.

HOCHWASSER

Auch ganz „normale" nordatlantische Tiefs können jedoch große Mengen Wasser mitführen. Eine anhaltende Westwetterlage mit wiederholtem ergiebigen Regen sorgt dafür, daß der Boden mehr und mehr mit Wasser gesättigt wird. Folgt dann noch eine niederschlagsreiche Front, kann der Boden kein Wasser mehr aufnehmen, zumal wenn er in der Tiefe noch gefroren ist. Eine zusätzliche Gefahr stellt die Schneeschmelze in den Mittelgebirgen dar, wenn es mit dem Regen auch in der Höhe wärmer wird. Auf diese Weise entstehen die winterlichen Hochwasserkatastrophen im Süden und in der Mitte Deutschlands (wie 1999 am Oberrhein oder 1993 an Saar, Mosel und Rhein).

Aber auch im Sommer können in kurzer Zeit gewaltige Regenmengen fallen, die Überschwemmungen zur Folge haben (das Oderhochwasser von 1997 ist wohl allen noch in Erinnerung).

Im Alpenvorland ist die Gefahr von Überschwemmungen besonders groß, wenn (wie beim Pfingsthochwasser 1999) große Regenmengen mit der

Starke Niederschläge zusammen mit der Schneeschmelze führen immer wieder zu winterlichen Hochwasserkatastrophen.

Besonders betroffen sind die Uferbereiche – gerade bei „begradigten" Flußläufen.

Lockerer Pulverschnee – der viel Luft zwischen den Schneekristallen enthält – isoliert und schützt die Pflanzen vor Kälte.

Schneeschmelze im Hochgebirge zusammenfallen.

DIE WIRKUNG DER SCHNEEDECKE

Zumindest einmal in jedem Winter fallen auch im Flachland mehr als fünf Zentimeter Neuschnee, und die klassische Vorstellung vom Winter wird zumindest vorübergehend Wirklichkeit. Klart der Himmel dann über der verschneiten Landschaft auf, kühlt die Luft in der Nacht stark ab. In Mitteleuropa ergeben sich Temperaturen unter -15 Grad nur über einer Schneedecke. Vor allem direkt über der Schneeoberfläche werden sehr tiefe Temperaturen gemessen, da Schnee mehr „Wärme“ abstrahlt als beispielsweise eine schneefreie Wiese. Besonders lockerer Pulverschnee mit viel Luft zwischen den Schneekristallen ist ein ausgezeichnetes Isoliermaterial. Auch wenn die Schneeoberfläche -20 Grad kalt und die Schneedecke nur 10 Zentimeter dick ist, liegt die Temperatur am Erdboden noch bei fast 0 Grad. Auf diese Weise werden Pflanzen und Wurzeln gut vor strengen Frösten geschützt. Gefährdet sind nur die Pflanzenteile, die nicht vom Schnee bedeckt sind.

WIE ENTSTEHEN LAWINEN?

Im Flachland wirkt eine Schneedecke malerisch und alles andere als bedrohlich. Anders sind die Verhältnisse in den Bergen. Fallen 30 Zentimeter Neuschnee, besteht bereits erste Lawinengefahr. Bei mehr als 120 Zentimeter Neuschnee hat man es mit einer Katastrophensituation zu tun. Verstärkt wird die Lawinengefahr, wenn zudem starker Wind den Schnee über Kämme und Grate bläst, so daß sich sogenannter Triebschnee ansammelt. Dabei werden die Zacken der Schneekristalle abgebrochen, und die übrigbleibenden rundlichen Schneekörner machen die Schneedecke instabil.
Nicht nur große Neuschneemengen und Wind, sondern auch die ständigen Umwandlungsprozesse innerhalb der Schneedecke können eine Lawinengefahr verursachen. Erreicht die Schneehöhe 30 bis 50 Zentimeter, isoliert die Schneedecke so gut, daß die Bodentemperatur konstant 0 Grad beträgt. Direkt am „warmen“ Erdboden taut der Schnee daher ständig etwas und verdunstet. Dabei steigt Wasserdampf in die oberen, kälteren Schneeschichten auf. Dort friert er an den bestehenden Schneekristallen fest, die dadurch nach und nach ihre Form ändern: Aus den zackigen Kristallen werden becherförmige Gebilde.
Je größer das Temperaturgefälle in der Schneeschicht ist (zum Beispiel bei niedriger Lufttemperatur über einer etwa 50 Zentimeter hohen Schneedecke), desto intensiver geht die Umwandlung der Schnee-

kristalle voran. Fällt bei kaltem Wetter längere Zeit kein Neuschnee, entsteht eine 20 bis 30 Zentimeter dicke sogenannte Schwimmschneeschicht aus becherförmigen Schneekristallen. Auch durch Reifbildung an der Schneeoberfläche in wolkenlosen Nächten vergrößert sich die Schwimmschneeschicht. Diese Schicht wirkt dann bereits bei relativ geringen Neuschneefällen wie ein Kugellager, auf dem der Neuschnee abgleiten kann.

Löst sich bei Temperaturen unter 0 Grad trockener Pulverschnee an einem steilen Berghang, werden aus den abrutschenden Schneemassen durch Bodenunebenheiten und Luftturbulenzen Schneeteile herausgerissen. Schnell hebt immer mehr Schnee ab, und es entsteht eine Schneestaubwolke, die als sogenannte Staublawine mit einer Geschwindigkeit von bis zu 350 Kilometer pro Stunde zu Tal rast.

Nicht allein die Schneemassen, sondern vor allem auch die Druckwirkung der Schneewolke verursachen große Schäden. Im Februar 1999 verwüstete eine solche Lawine den österreichischen Skiort Galtür im Tiroler Paznauntal.

FÜR SKIFAHRER GEFÄHRLICH

Bei Tauwetter hingegen wird die Schneedecke nach und nach durchfeuchtet. Vor allem im Frühjahr kommt es vor, daß die gesamte Schneedecke dann an Steilhängen ihre Haftung verliert und als Fließlawine mit bis zu 100 Kilometer pro Stunde talwärts rutscht. Im Auslaufgebiet der Lawine wird alles unter tonnenschweren Schneebergen begraben.

Für Skifahrer sind die sogenannten Schneebrettlawinen gefährlich, die sie freilich in den meisten Fällen selbst auslösen. Bei der Fahrt über eine Schneedecke, die mit der darunterliegenden Schicht keine Haftung hat (zum Beispiel bei windgepreßtem Pulverschnee auf einer Schwimmschneeschicht), bildet sich im Lawinenanrißgebiet zuerst ein Spalt. Die obere Schneeschicht kommt dann ins Rutschen. Bereits nach wenigen Sekunden rasen Schneeklumpen und -schollen mit Geschwindigkeiten von etwa 60 Kilometern pro Stunde zu Tal. Auch wenn die Lawine selbst aus lockerem Pulverschnee besteht, werden mitgerissene Skifahrer im Auslaufgebiet der Lawine förmlich einbetoniert, da der Schnee sich stark verdichtet, wenn er zum Stillstand kommt. Vor Skitouren ist es also sehr empfehlenswert, sich über die Lawinenlage zu informieren.

Schneekristalle: In ihrer ursprünglichen Form sind ihre Ränder scharf gezackt. Starker Wind schleift sie jedoch ab.

Die wichtigsten Wolkentypen

Wird es bald regnen oder nicht? Droht gar ein Gewitter? Wer das Wetter der nächsten Stunden vorhersagen möchte, sollte sich an den Wolken orientieren: Wer sie zu deuten versteht, kann eine oft recht zuverlässige Kurzzeit-Prognose wagen.

Wolken gibt es (fast) jeden Tag am Himmel, und sie lassen sich ganz ohne technische Hilfsmittel beobachten. Mit etwas Übung kann man aus den Wolkenformen das Wettergeschehen der nächsten Stunden ablesen. Ganz einfach wird dies mit der beigelegten Wetterscheibe. Um Ihnen eine problemlose Handhabung zu ermöglichen, stellt dieses Kapitel die wichtigsten Wolkentypen kurz vor und zeigt ihre Bedeutung für das Wettergeschehen auf.

KOMMEN IN ALLEN HÖHEN VOR

Wolken können in allen Höhen innerhalb der Troposphäre vorkommen.

Cirrus, die Federwolke: keine Wetteränderung in Sicht, solange die Wolken nicht dichter werden.

Troposphäre wird das unterste Stockwerk der Atmosphäre (der Höhenbereich von 0 bis 11 Kilometer) genannt, in dem alle Wettervorgänge ablaufen. Hohe und mittelhohe Wolken liefern Informationen über großräumige Wetteränderungen (zum Beispiel über die Annäherung von Warm- oder Kaltfronten); tiefe Wolken dagegen zeigen Vorgänge in unmittelbarer Nähe des Beobachtungsorts an (zum Beispiel die Entwicklung von Gewitterwolken). Allgemein gilt: Wolken aus Eiskristallen haben ein strukturloses, faseriges Aussehen. Ist die Sonnen- oder Mondscheibe noch zu erkennen, hat sie dann einen unscharfen Rand. Bestehen die Wolken dagegen aus Wassertröpfchen, haben sie gut abgegrenzte Ränder und deutliche Strukturen (wie etwa die blumenkohlartigen Quellwolken oder die ballenförmigen Schäfchenwolken). Sonne oder Mond haben in diesem Fall einen scharfen Rand.

Hohe Wolken (7 bis 11 Kilometer Höhe)

CIRRUS

Cirruswolken (Federwolken) sind hohe Wolken, die nur aus Eiskristallen bestehen. Das faserige

Cirrostratus als Überrest von Gewittern – ebenfalls keine Wetteränderung.

Aussehen ohne scharfe Konturen wird durch starke Höhenwinde verursacht, welche die langsam verdunstenden Eiskristalle weit verfrachten. Ändert sich der Wind mit der Höhe, entstehen hakenförmige Strukturen. Sind nur einzelne Cirruswolken am Himmel, die sich über längere Zeit nicht verdichten, gibt es keine Wetteränderung.

CIRROSTRATUS

Cirrostratus ist ein durchscheinender, weißlicher Wolkenschleier aus Eiskristallen von faseriger oder gleichförmiger Struktur. Zieht er vor die Sonne oder den Mond, dann lassen sich Halo-Erscheinungen (ringförmige Aufhellungen um Sonne oder Mond) beobachten. Überzieht ein Cirrostratus bei fallendem Luftdruck gleichförmig den ganzen Himmel und wird mit der Zeit immer mächtiger (sinkende Wolkenuntergrenze), kann das auf Niederschlag innerhalb der nächsten 12 bis 24 Stunden deuten. Dichte Cirrostratuswolken in einzelnen Feldern sind im Sommerhalbjahr meist Überreste von Gewitterwolken und bedeuten keine Wetteränderung.

Mittelhohe Wolken (3 bis 7 Kilometer Höhe)

ALTOCUMULUS

Altocumuluswolken (Schäfchenwolken) sind kleine Wolkenballen mit dunklen Stellen, die sich in ausgedehnten Feldern anordnen. Ein Altocumulus besteht meist aus Wassertröpfchen. Erst bei

Altocumulus, die Schäfchenwolke: Eine rasche Wetterverschlechterung ist möglich.

Altocumulus castellanus: Ein Gewitter ist wahrscheinlich.

Altostratus, eine mittelhohe Schichtwolke, kündigt oft Regen an.

Temperaturen unter -10 Grad sind auch Eiskristalle enthalten. Solange nur einzelne Altocumulusfelder in lockerer Anordnung am Himmel sind, steht keine unmittelbare Wetteränderung bevor. Bei Aufzug aus westlichen Richtungen ist jedoch eine rasche Wetterverschlechterung möglich. Eine besondere Bedeutung haben Altocumuluswolken, wenn die Wolkenballen zu kleinen Türmchen anwachsen (Altocumulus castellanus). Sieht man solche Wolken an einem Sommervormittag, besteht für den Rest des Tages eine hohe Gewitterwahrscheinlichkeit.

ALTOSTRATUS

Altostratus ist eine einförmige hell- bis dunkelgraue Schichtwolke, die aus unterkühlten Wassertröpfchen und Eiskristallen besteht. Ist die Sonne noch zu erkennen, zeigt sie keine scharfen Ränder mehr. Bei weiterer Verdichtung wird die Wolke eintönig grau und weist auf unmittelbar bevorstehenden Niederschlag hin. Altostratuswolken entwickeln sich oft aus Cirrostratuswolken – in diesem Fall künden sie eine herannahende Warmfront und damit Regen an.

Cumulus, die Quellwolke: Solange die Ränder scharf sind, bleibt der Regen aus.

Tiefe Wolken (0 bis 3 Kilometer Höhe)

CUMULUS

Cumuluswolken (Quellwolken) haben eine flache, meist graue Unterseite und scharf umrandete, weiße Quellungen. Sie bestehen aus Wassertröpfchen. Flache Schönwetterquellwolken haben nur eine kurze Lebensdauer von etwa 10 Minuten. Größere Quellwolken sind oft mehr als einen Kilome-

Stratocumulus, eine Schichthaufenwolke: Dieser häufige Wolkentyp bringt nur selten Niederschlag.

Cumulonimbus, eine hochreichende Quellwolke, bringt Schauer oder Gewitter.

ter hoch. Ihr Aussehen erinnert dann an einen Blumenkohl. Solange die Quellungen scharfe Ränder zeigen, kann sich kein Niederschlag bilden.

STRATOCUMULUS

Stratocumuluswolken (Schichthaufenwolken) kommen in etwa ein bis zwei Kilometer Höhe vor, bestehen meist aus Wassertröpfchen und bringen sehr selten Niederschlag. Stratocumulus ist der Wolkentyp, der am häufigsten auftritt. Er ist eine Mischung aus eher einförmigen Schichtwolken und Quellwolken. Häufig entsteht ein Stratocumulus aus Cumuluswolken, die sich an einer Inversion ausbreiten. Stratocumuluswolken können Altocumuluswolken sehr ähnlich sehen. Zur Unterscheidung hilft dann nur eine Höhenschätzung oder die genaue Beobachtung (beispielsweise, ob in den Stratocumulus hineinwachsende Quellwolken zu erkennen sind).

STRATUS

Stratus bildet sich in Höhen unterhalb von einem Kilometer und ist einheitlich grau. Häufig kommen Stratuswolken als Hochnebel im Winterhalbjahr vor. Ist der Stratus dünn, kann man die Sonne oder den Mond als Scheibe mit scharfem Rand erkennen. Fetzen aus Stratuswolken lassen sich während oder kurz nach einem Regen- oder Schneefallgebiet beobachten.

Hochreichende Wolken

CUMULONIMBUS

Cumulonimbus (Schauer- und Gewitterwolke) ist eine sehr hoch reichende Quellwolke. Sie besteht im unteren Bereich aus Wassertröpfchen und im oberen Bereich aus Eiskristallen. Meist entsteht ein Cumulonimbus aus einem kleineren Cumulus (einer kleineren Haufenwolke), der bei entsprechender Luftschichtung ungehindert bis in Höhen von 10 bis 14 Kilometern wächst. Die oberen Wolkenbereiche vereisen dann, wobei die Quellungen ihre scharfen Konturen verlieren und bald streifig aussehen. Kurz darauf gibt es am Boden

den ersten Regen oder Schneefall. Im weiteren Verlauf entsteht im oberen Bereich eine amboßförmige Wolke aus Eiskristallen.
Cumulonimbuswolken entwickeln sich beispielsweise im Bereich von Kaltfronten oder an Sommernachmittagen (Wärmegewitter).

Stratus, häufig als Hochnebel vorkommend.

NIMBOSTRATUS

Nimbostratus ist eine dunkelgraue schichtförmige Wolke, die knapp über dem Boden beginnt und oft bis in Höhen von über sechs Kilometern hinaufreicht. Dazu regnet oder schneit es mehrere Stunden lang (Landregen). Ein Nimbostratus besteht aus Wolkentröpfchen und aus Eiskristallen, die für die Niederschlagsbildung notwendig sind. Wegen der großen Wolkenmächtigkeit dringt nur wenig Sonnenlicht bis zur Erdoberfläche durch.Unter einer dunklen Nimbostratuswolke kann es daher auch tagsüber dämmrig sein. Nimbostratuswolken sind häufig mit dem Durchzug von Warmfronten verbunden.

Nimbostratus, eine Schichtwolke: Regen, Regen, Regen.

Der Deutsche Wetterdienst

Der Deutsche Wetterdienst ist vielen unbekannt. Dabei versorgt uns dieser meteorologische Dienst jeden Tag mit zuverlässigen Informationen – zum Beispiel im Wetterbericht der Fernsehnachrichten.

Gehört zum Service des DWD: Satellitenaufnahme des Wolkenhimmels über Deutschland.

Niederlassungen des Deutschen Wetterdienstes

Essen (Zuständigkeitsgebiet: Nordrhein-Westfalen); Tel.: 02 01 / 71 02 10,
Hamburg (für Niedersachsen, Schleswig-Holstein, Bremen und Hamburg); Tel.: 0 40 / 3 19 00,
Leipzig (für Sachsen, Thüringen, Sachsen-Anhalt) Tel.: 03 41 / 8 99 40;
München (für Bayern) Tel.: 0 89/ 15 93 80;
Offenbach (für Hessen, Rheinland-Pfalz und Saarland) Tel.: 0 69 / 8 06 20;
Potsdam (für Berlin, Brandenburg und Mecklenburg-Vorpommern) Tel.: 03 31 / 31 60;
Stuttgart (für Baden-Württemberg) Tel.: 07 11 / 9 55 20.

Wie wir gesehen haben, ist das Wetter ein sehr vielfältiges und nicht unkompliziertes Phänomen. Seine Erforschung und Vorhersage ist Aufgabe des Deutschen Wetterdienstes.
Der Deutsche Wetterdienst (DWD) ist der meteorologische Dienst der Bundesrepublik Deutschland. Seine Aufgaben sind im „Gesetz über den Deutschen Wetterdienst“ vom 10. September 1998 festgelegt. Er ist eine dem Bundesministerium für Verkehr, Bau und Wohnen nachgeordnete Institution mit Sitz in Offenbach am Main. Neben der Zentrale bestehen sieben über Deutschland verteilte Niederlassungen, die das komplette Leistungsangebot des Wetterdienstes für die jeweiligen Bundesländer und Stadtstaaten bereithalten.

SEIT 1848

Der erste staatliche Wetterdienst in Deutschland war das 1848 in Berlin gegründete Preußische

Meteorologische Institut, das sich mit Wetterbeobachtungen und ihren Auswertungen beschäftigte. Nach und nach wurden in den einzelnen deutschen Staaten weitere staatliche Wetterdienste eingerichtet. Sie wurden 1934 zu einem Dienst, dem Reichswetterdienst zusammengefaßt.
Nach dem Zweiten Weltkrieg entstanden in den vier Besatzungszonen Deutschlands eigenständige Wetterdienste. Mit der Gründung der Deutschen Demokratischen Republik in der sowjetischen Besatzungszone wurde 1950 der Meteorologische und Hydrologische Dienst der DDR geschaffen (später in „Meteorologischer Dienst" umbenannt). Die drei verbleibenden Wetterdienste in den westalliierten Besatzungszonen wurden 1952 durch das erste Gesetz über den Deutschen Wetterdienst zu einem bundeseinheitlichen Dienst, dem DWD, zusammengefaßt. Mit der Wiedervereinigung Deutschlands am 3. Oktober 1990 ging der Meteorologische Dienst der DDR im DWD auf.
Durch die wirtschaftlichen Veränderungen im Rahmen des Zusammenwachsens der europäischen Staaten und durch die Wiedervereinigung Deutschlands war das Gesetz über den DWD aus dem Jahre 1952 nicht mehr zeitgemäß und mußte durch ein neues ersetzt werden. Das neue Gesetz erweiterte die Aufgaben des Dienstes und schuf die Grundlage dafür, daß sich der DWD jeder Zeit marktwirtschaftlichen Entwicklungen anpassen kann. Dazu war allerdings eine Umstrukturierung erforderlich.
Der DWD besteht jetzt aus Geschäftsbereichen, deren Leiter gemeinsam mit dem Präsidenten den Vorstand bilden und den Dienst leiten. Über acht Geschäftsfelder, die Außenstellen an den Niederlassungen unterhalten, ist eine enge Bindung an die einzelnen Nutzer der Leistungen gegeben.

DIE AUFGABEN

Der Aufgabenkatalog des Dienstes ist umfangreich. Er umfaßt

- meteorologische Dienstleistungen für die Allgemeinheit, einzelne oder Nutzer auf den Gebieten des Verkehrs-, Bau- und Gesundheitswesens sowie der gewerblichen Wirtschaft, Land-, Forst- und Wasserwirtschaft, des Umwelt- und Naturschutzes sowie der Wissenschaft;
- die meteorologische Sicherung der Luft- und Seefahrt;
- das Warnen vor Wettererscheinungen, die für die öffentliche Sicherheit und Ordnung zu einer Gefahr werden können;
- die Erfassung, Überwachung und Bewertung meteorologischer Prozesse, Strukturen sowie der Zusammensetzung der Atmosphäre;
- die Erfassung meteorologischer Wechselwir-

Telefonische Informationen

Wer aktuelle Wetterinformationen benötigt, wird unter der Service-Vorwahl 0190 vom DWD bedient: Über 400 Einzel-Nummern informieren über Pollenflug (z.B. für Baden-Württemberg unter 0190-11 54 93), Reisewetter (z.B. Spanien: 0190-11 60 24), Intensität der ultravioletten Strahlung, Wintersportmöglichkeiten und vieles andere mehr. Die Nummern sind in jedem Telefonbuch der Telekom („Service 190") zu finden. Auch ein 0190-Faxabruf wird angeboten.

kungen zwischen Atmosphäre und anderen Bereichen der Umwelt;

- die Vorhersage meteorologischer Vorgänge;
- die Überwachung der Atmosphäre auf radioaktive Spurenstoffe und die Vorhersage, wohin diese Stoffe mit der allgemeinen Luftströmung verfrachtet werden;
- den Betrieb der Beobachtungs- und Meßnetze, die für die Erfüllung der Aufgaben notwendig sind;
- die internationale Zusammenarbeit auf dem Gebiet der Meteorologie und der benachbarten Wissenschaftsgebiete.

DIREKT IN DIE DRUCKMASCHINE

Die Verwendung modernster Telekommunikationsmittel ermöglichst es, dem Nutzer die Leistungen in jeder von ihm gewünschten Form zu übermitteln: Zeitungswetterberichte gehen vom DWD direkt in die Druckmaschinen, und Fernsehwetterkarten werden in der vom DWD gelieferten Form gesendet. Um seine Leistungen in der Form überhaupt erbringen zu können, unterhält der DWD ein umfangreiches Meß- und Beobachtungsnetz, dessen Daten regelmäßig über ein weltweites Wetterfernmeldenetz verbreitet werden. Über dieses Netz erhält der DWD auch kontinuierlich die Meß- und Beobachtungsdaten der anderen über 180 Wetterdienste auf der Welt. Dies ist möglich, weil die meteorologischen Daten überall nach den international einheitlichen Vorgaben der Weltorganisation für Meteorologie (einer Unterorganisation der Vereinten Nationen mit Sitz in Genf) erfaßt, verbreitet und verarbeitet werden.

All diese Beobachtungen fließen im Deutschen Meteorologischen Rechenzentrum des Wetterdienstes zusammen. Dort betreibt der DWD Europas größte Rechenanlage, eine der weltweit größten zwanzig Anlagen. Hier werden alle Daten verarbeitet und aufbereitet. Die innovative Technik, die umfangreichen wissenschaftlichen Kenntnisse und die enorme Erfahrung machen den Deutschen Wetterdienst zu einem unersetzlichen Partner in allen Fragen des Wetters und des Klimas. Gleichgültig, ob es um die Wetteraussichten an einem Urlaubsort irgendwo auf der Welt oder um das Streckenwetter für Piloten und Schiffskapitäne auf ihrer bevorstehenden Route geht oder ob es sich um ein meteorologisch-klimatologisches Gutachten für Planungen industrieller Betriebsabläufe oder großer Bauvorhaben handelt: Der DWD ist immer bereit. Mit seinem Wissen hilft er der Land- und Forstwirtschaft, ihre Erträge unter Beachtung der Kosten und des Umweltschutzes zu optimieren; er warnt Institutionen der Länder frühzeitig vor eventuellem Hochwasser; er prüft, ob Gemeinden das Prädikat „Bad“ oder „Luftkurort“ erhalten oder behalten können, und erfüllt viele weitere Aufgaben.

Der DWD im Internet

Wer einen Zugang zum Internet hat, findet unter http://www.dwd.de nicht nur Wettervorhersagen, sondern auch Informationen zum umfangreichen Arbeitsgebiet des Deutschen Wetterdienstes, das von der meteorologischen und klimatologischen Routinearbeit bis hin zur Erforschung spezieller Erscheinungen und Vorgänge in unserer Atmosphäre reicht.

Register

Umschlaggestaltung, Wetterscheibe und Innenlayout von Atelier Reichert, Stuttgart. Umschlagfotos von Richard Heinrich und Sven Melchert.

Die Deutsche Bibliothek – CIP-Einheitsaufnahme

Ein Titelsatz für diese Publikation ist bei Der Deutschen Bibliothek erhältlich.

ISBN 3-440-08064-1

Lektorat: Petra Begemann, Frankfurt, Sven Melchert, Hartmut Kuhlmann.
Reproduktionen: Repro Schmidt, Dornbirn
Druck und Bindung: Westermann, Zwickau
Printed in Germany

Bildnachweis: Grafik Rückseite Wetterscheibe: Gerhard Weiland, Köln. S. 9 unten, 10, 13 oben, 14, 24 rechts oben, 25, 26, 33, 36 unten, 47, 51 rechts, 53, 56 links oben: Deutscher Wetterdienst (DWD). Alle anderen Fotos einschl. Wetterscheibe: Richard Heinrich, München.

Kosmos – Bei jedem Wind und Wetter

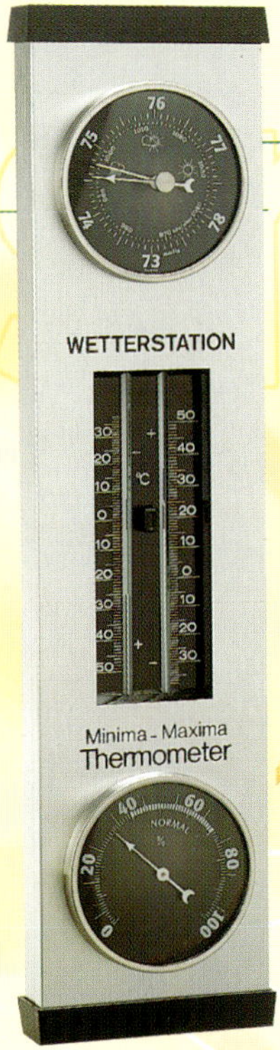

Aussen Wetterstation

Ideal für Terrasse und Garten: Luftdruck, Temperatur und Luftfeuchtigkeit auf einen Blick. Der Clou: zwei Quecksilbersäulen zur Erfassung der minimalen und maximalen Temperatur.

Windmesser „wind-matic"

Kompakter Windmesser im robusten Kunststoffgehäuse für die schnelle Bestimmung der Windstärke. Indirekte Bestimmung der Windrichtung.

Regenmesser

Kunststoffbecher mit Halter und patentiertem Memory-Einstellring zum Festhalten der Niederschlagsmenge

KOSMOS

SERVICE

Gratis-Katalog gleich anfordern!

Meteoskop

Elektronische Wetterstation mit digitaler Anzeige. Alles in einem: Thermometer, Hygrometer, Wettervorhersage, Luftdruck und -entwicklung der letzten 24 Stunden.

Postfach 10 60 11 | 70049 Stuttgart | Tel. 0711-21 91 342 | Fax 0711-21 91 350
eMail **kosmosservice@kosmos.de** | Internet **www.kosmos.de**